CODING FOR KIDS

CREATE YOUR OWN VIDEOGAMES WITH SCRATCH

Scratch 少儿创意游戏编程

[意] 酷编酷玩 [CODER KIDS] / 著　[意] 瓦伦蒂娜·菲格斯 [VALENTINA FIGUS] / 绘　李泽 / 译

中国青年出版社
CHINA YOUTH PRESS

推荐序1

人们为什么学编程?

“Why people learn programming? ”程序这种事情是专业的程序员的事情，为什么要让每个人，特别是我们的下一代——孩子们学会编程呢？难道仅仅是因为赶时髦么？计算机越来越像一个人类创造出来的硅基生命，而这种生命的内核就是我们给它编写的程序。如果你只是像奴隶社会的奴隶主一样把计算机当作是肆意役使的奴隶，你大可以把它当作一个影碟机、一个游戏机或者一个打字机来用。但是计算机诞生之初，它就自然具有全能性，如果给它编程，它同样可以变成一台程控电话交换机、一个网站服务器、一个机器人的主控甚至一个城市控制中心。所以，当我们把计算机看作是一个可以平等交流的个体的时候，我们必须走进它的内心，了解它内心的工作方式，才能和它做朋友。奴隶制社会的灭亡源自于生产关系已经不适应生产力的发展需求，换句话说就是奴隶觉得自己跟奴隶主一样也有差不多的身体，凭什么过着天壤之别的生活。抗争出现了，经过漫长的流血斗争产生了新的生产关系形态，现在每个人的生活都有了很大程度上的改善，这种改善很大程度上取决于每个人役使的机器奴隶的数量。伴随着物联网技术的发展，控制芯片的价格和性能的提升，各种设备都会越来越像一个人，一个被赋予了某个特定功能的人。如果是一种主动的进化而不是被动的革新，从我们这个时代的每个人未雨绸缪的角度，有必要学会“遥控器”里面的东西是什么，而不是只会按一个个按钮。

Scratch的图形化编程方式使得这一切变得简单，通过游戏或者动画的形式让不同倾向的学习者都能够找到自己喜欢的入门方式。在心理学当中我很喜欢的一个描述是“自由意志”（Free Will），它的意思是能够不受任何干扰地、独立地做出判断的能力。而我们发现，现代的娱乐休闲技术正在使得一些人丧失“自由意志”的能力：游戏中的熟悉或者陌生的小伙伴以及那个念念不忘的等级，让一些人丧失了判断“什么事情更重要”的“自由意志”；各种各样的偶像、网红，充满暗示的“遥控木偶”让另一些人丧失了“什么是美”的“自由意志”；大数据背景下的网络销售、各种促销、推送和活动，让一些人丧失了判断“我究竟需要什么”的“自由意志”。而这一切或多或少都有计算机程序的影子，而仅仅作为别人模型当中的一个测试因子的普通用户，恐怕多少还是处于一个“不自知”的状态。还好Scratch所代表的程序设计普及化、人工智能民主化、物联网去魅化、造物技能补齐化的趋势有助于帮助我们的下一代在更加智能的社会中保持“自由意志”。

希腊神话当中普罗米修斯从神界盗取圣火，中国传说中“燧人氏”发现了钻木取火的方法，火可以烧毁一座森林，也可以帮助我们把食物煮熟，这要看我们如何去应用它。Scratch社区当中的分享、点赞和重用的机制，保证了我们可以通过“声望”来替代金钱去证明一个程序员的价值，程序员的剩余价值催生了开源文化，而一个“人人都是程序员”的时代将会是一个怎样的未来呢？小说“三体”当中，当我们面临高阶文明的挑战时的种种矛盾的选择或许能够给现在的我们一种启示：制造恐慌只是一个过程，我们终将成为一个更美好的文明的一份子，在那里，人人都是全面发展的。

人们如何学好编程

编程的核心是一种思维，一种对人类创造的硅基生命的沟通方式，这种生命的核心就是forever。在各种编程语言当中，这个单词被理解为永远循环，就像我们每天都要吃饭，每天都看到日出日落一样，以“永恒”开始的程序设计语言，昭示着人类对于永生神话的长久梦想。

而如何与计算机、单片机、智能控制板这类硅基生命交朋友呢？学好一门程序语言就是最好的办法。但如何学好呢？你会发现学一门编程语言好像跟学好数学语文不太一样，但又有共性的规律，其实学习编程跟我们学习使用筷子吃饭一样，秘诀在于真实的需求，仔细的观察和个人的反复练习。

各种程序语言都是满足真实需求的模型化实现，即使最简单的图形化编程语言也是如此。思维的难度并不会因为图形化语言或代码语言而有太大的差别。Scratch很简单，但是对于初学者来说，使用Scratch把100个杂乱无章的数据从小到大排序仍然不是一个太简单的任务。在学习Scratch语言的过程中，有两个阶段让我的编程水平快速提升。第一个阶段是用Scratch解决一些数学问题，比如用最小二乘法找到两组数据之间的线性拟合函数，制作统计一篇英文文章当中各个字母出现频次的程序等等，这些数学程序锻炼了我的思维，并且在不断改进的过程中锻炼了自学能力。第二个阶段是用Scratch编写了一个仿真机器人的平台软件，模拟出了能力风暴机器人的碰撞传感器、红外测障传感器、底面灰度传感器、光线传感器等多个功能，让虚拟机器人完成走迷宫和巡线等一系列任务，通过这个项目，我学会了模块化地分解一个工程任务。完成这两件事，我觉得自己已经是一名初级的编程爱好者了，但是还差一点：迄今为止我还没有带领团队开发一个稍微复杂的Scratch项目。之前完成的“中国诗词大会出题系统”协作模式比较简单，跟专业的软件工程思路还是有区别的。

记得美国的一位朋友向我推荐GitHub，因为它可以帮助很多人在线协作编程。我的一位国内代码大神也向我了推荐一个编程协作系统，它看起来更像是一个共产主义社会当中的评价平台，每个人通过代码质量获取相应的社会地位。不过无论怎样，编程作为一种技术，它的应用和发展始终伴随着三个问题：它是什么？它要干什么？它为谁服务？期望每一个初学者或者已经成功驾驭一门语言的人都能够思考这个问题。

北京景山学校

吴俊杰于天通苑居创屋

推荐序2

Scratch还能做些什么？当我开始研究Scratch的时候，就一直在思考这个问题。

毫无疑问，Scratch深受孩子们的喜爱。但是，除了作为儿童的编程入门语言外，Scratch还能做些什么呢？能否做更复杂的算法？2011年前后，人工智能的风还没有刮起，认为儿童应该早点学点编程的人还寥寥无几，怎么说服更多的人去学习Scratch，应该还需要其他的理由。

比如，我用Scratch编写高中教材中的几个经典算法的讲解课件，让冒泡、选择排序中的变量变得直观。又如，我用Scratch来分析小学的行程问题，做了几个有趣的课件。再如，我用Arduino作为传感器采集板，在Scratch里分析科学实验。还有，我结合Kinect和Leap Motion开发互动媒体作品，做物联网实验，甚至连接数据库……

无论是解决数学问题，做科学实验，还是控制硬件，我所做的一切尝试，其实是想告诉更多人：Scratch不仅仅是一款适合孩子的编程入门软件，还是一款学习工具。在Scratch的帮助下，我们的孩子会更加优秀。只有这样，才会有更多的老师、家长和教育管理部门的人员接受Scratch，接受创客教育。跟我一起做类似研究的还有很多人，如做信息技术实验的吴俊杰，研究用程序绘图的毛爱萍，还有开发mBot的Makeblock团队等等。在这些人中，也包括李泽。

李泽不是老师，我和他也一直没见过面，只能算网友。2015年，为了收集更多与跨学科学习相关的案例，我开始在《中国信息技术教育》杂志上连载“生活技术探究”。于欣龙和李泽恰好翻译了《动手玩转Scratch 2.0编程》，那是一本迄今为止在Scratch领域写得最有深度的书，我受邀写了长长一段的推荐语：

国内从事STEAM教育的教师中，很多是从研究Scratch教学开始的。

但一些正在从事Scratch教学的老师，往往满足用Scratch做些趣味互动游戏，视野比较狭窄。《动手玩转Scratch 2.0编程》一书将给我们带来全新的思路：Scratch不仅仅是一个图形化的编程软件，还是一个能够提高解决问题能力的工具，在科学、数学等领域都有重要的应用价值。本书收集了大量有趣的编程案例，无论是绘制玫瑰花瓣、串联电路和模拟实验还是求解直线方程、数学魔法师，都能够让我们深入体会到，STEAM项目中科学、技术、工程、艺术和数学，是如何有机融合在一起的。

这一次，李泽说又发现了一本好书，要翻译出来。我很支持，也欣然答应为他写序。其实，我最喜欢的是李泽做的自媒体“科技传播坊”。他录制了很多视频，研究很多有趣的案例，甚至包括声音识别、傅立叶变换之类有一定深度的学习案例，如果认真整理出来，绝对是一本不可多得的好书。李泽虽然不是教师，但他是一名让人尊敬的教育创客。

Scratch还能做些什么？Arduino、micro:bit还能做些什么？这些开源软硬件能做的越多，创客教育的生命力就越强。推广创客教育，跨学科学习是最重要的方向。正如创客运动发起人戴尔 · 多尔蒂所说：“做项目或者手工制作只是创客的外在形式，而非其本质。”那本质是什么？当然是学习，是那些单一学科的学习不能替代的跨学科学习。

一个人走得快，一群人走得远。创客教育的路还很长，我期望有更多的老师和创客，像李泽一样多写案例，多写书籍。创客教育，让我们携手同行。

温州中学创客空间负责人　谢作如

译者序

为了帮助孩子们掌握计算思维，麻省理工学院（MIT）的人工智能研究室于1968年发明了LOGO编程语言。其创始人西蒙（Seymour Papert）从师于皮亚杰，深受建构主义发展观的影响。西蒙在1980年出版的《头脑风暴：儿童、计算机及充满活力的创意》（*Mindstorms: Children, Computers, and Powerful Ideas*）中提到了“做中学”的建构主义理念，阐述了儿童学习计算机编程能使儿童在认知与技能上得到较大的发展。1994年国家教委制定的《中小学计算机课程指导纲要》中将LOGO列为选修模块，2007年江苏省将“LOGO语言程序设计”作为选修模块出现在九年义务教育六年制小学信息技术教材中。

有趣的是，从师于西蒙的米奇（Mitch Resnick）延续了LOGO编程语言的设计理念。由米奇领导的MIT媒体实验室终身幼儿园小组于2006年发布了Scratch，如今已走过十多个年头。和当年的LOGO编程语言一样，校外培训班和各级比赛逐渐火热，学校也越来越重视，将其设置为必修内容。

Scratch还是创客教育和STEAM教育的基础内容之一。2016年6月7日，在教育部发布《教育信息化“十三五”规划》中明确提出“积极探索信息技术在…跨学科学习（STEM教育）、创客教育等新的教育模式中的应用”。国务院印发的《新一代人工智能发展规划》中更是强调了人工智能战略的重要地位。相信未来几年我国将掀起人工智能教育的热潮，其基础正是编程，目前也有培训机构使用Scratch和Python研发人工智能相关课程。

知晓了发展历史，那Scratch究竟是什么呢？Scratch是一款创作交互式故事、动画、游戏的积木式图形化编程工具。它通过积木块实现自己的创意想法，避免了语法错误，大大降低了编程门槛。虽然Scratch最初是设计给8~16岁的儿童使用，但官方根据它在全球范围内实践的结果，认为Scratch并没有年龄限制，特别适合父母和孩子一起学习成长。目前

Scratch社区已经贡献了两千八百万件作品，其生命力和影响力可见一斑！

为什么要学习Scratch呢？因为学习者不仅可以制作有趣的程序，在编程中学会创新和分享，同时也能锻炼逻辑思维能力，培养创新思维。正如米奇在TED演讲时所说："让孩子学编程并不是要让孩子成为计算机专家或码农。孩子从编程里学到的创造性思维、推理能力、团队合作在工作生活中都是通用的。而且编程也不是你想的那么枯燥无味，或者要有很高的数学、计算机知识背景，你的孩子也可以在玩游戏中学会编程！"

就让我们从这套图书开始，入门计算机编程的世界吧！本套图书分两册，上册讲解如何创作电子游戏，下册讲解创作交互式故事的方法，均可独立学习。Scratch的书籍众多，本套图书的特点包括：

①案例质量高，程序素材全部是矢量格式，足见原作者的一片匠心。②逐步讲解项目，你可以看到整个程序的演化过程，这对初学者来说很有帮助。③每个项目末尾有作者给出的挑战问题，读者可以检查自己的掌握程度。④每本书都包含六个由易到难的案例，方便初学者入门。

如果你是从零开始的学习者，建议从头开始学习；如果是校内社团，老师可以根据学生的基础挑选案例模仿；如果是培训机构，尝试修改其中的案例融入自己的课程体系，添加更多的挑战问题；如果是家长，建议和孩子一起学习进步。

感谢张鹏主编的翻译推荐，感谢我的女朋友刘剡细致地审阅。有了你们的信任和支持，我才能竭尽全力完成本书的翻译。如有疏漏和不足之处，恳请读者批评、指正。最后，译者的自媒体“科技传播坊”为本书准备了学习资料，请在网站http://科.cc/或公众号kejicbf查阅相关信息。本书的读者QQ群是633091087，欢迎加入后相互讨论学习，下载素材文件。

李　泽

SCRATCH 2.0

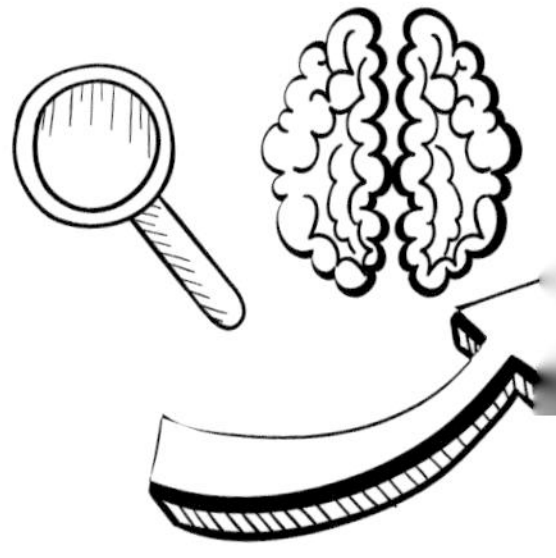

VARIABLES

STAGE OBJECT

MOVEMENT SPRITE

PROJECTS

CLICK

LOOP

LEVELS DIRECTION

RANDOM NUMBER

FOREVER

BACKDROP ARROW CLICK

目 录

为什么学习程序设计?

“不要只会购买新的电脑游戏，而要学会创作游戏；不要只会下载最新的应用程序，而要学会设计程序；不要只会在手机上娱乐，而要学会用编程实现。”

巴拉克 · 奥巴马

千禧年早期，计算思维的概念在许多教育领域的研讨中取得了较大进展。这一术语并非是指熟练操作计算机的能力，而是指一种将实际问题抽象概念化之后使用计算机来解决的能力。

越来越多的人们相信除了语言和基本的数学技能外，小学生也需要培养这种计算思维的能力。

本系列图书的目的是向孩子们介绍程序设计的基本概念。孩子们使用简单的程序语言（Scratch 2.0）就能够学习编程，创建越来越高级的游戏。注意，本书的目的绝非培养年轻的程序员！孩子们在学习程序设计的过程中，便能潜移默化地使用新工具展现自己的创造力，从而发现新颖、原创以及高效的解决问题的方法。更为重要的是，从完全空白的Scratch项目到逐步完成自己的想法和创意，他们终将明白自身有能力创建属于自己的项目，从而领略计算思维之美。

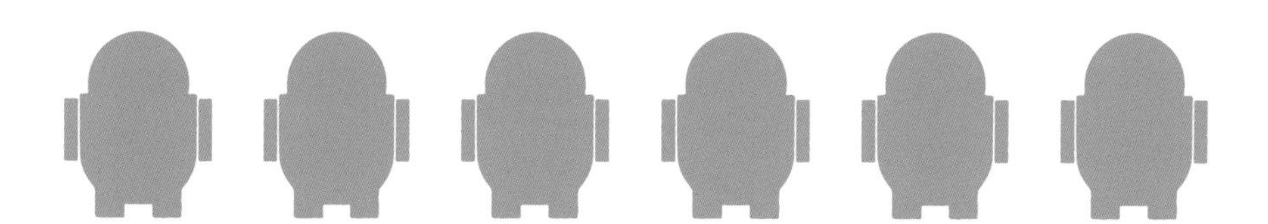

我们希望儿童不要被动地体验技术，而是鼓励主动理解它，看到其真实的模样：一个验证并实现自己想法的强大工具。

本书共讲解了6个和游戏相关的案例，难度由浅入深。每个项目都会制作一个简单的游戏，虽然和专业的电子游戏是无法比拟的。要记住我们的目标不是玩电子游戏，而是学习程序设计。

本书先讲解Scratch的基本使用方法，如果你已经熟悉Scratch，也可以直接跳到第一个项目。在每个章节开始，读者都会看到本游戏的规则介绍和使用的素材（可以在下一页的网址中下载）。

本书还会介绍创建游戏过程的每一个步骤。

在学习项目时，你会看到一些带有放大镜的话框，里面描述了与Scratch无关却非常重要的通用概念，其他画框（例如“你知道吗？”）则包含值得深入研究的问题。

每个项目的结尾都有一个挑战环节，挑战要求读者修改自己的程序，所有挑战的解决方法都汇集在本书的末尾。我们建议读者尝试修改，以便测试并验证自己对于本书内容的理解程度。

素材网站

本书对应的网站是www.coding.whitestar.it。

孩子们可以在网站中找到角色和背景素材，创建自己的项目。当然啦，不同的游戏使用不同的图像，只要它们的格式正确就行！

网站上所有素材都是SVG矢量格式的，虽然Scratch也同样支持PNG、JPG以及GIF格式。

本书游戏所对应的网络素材均为出版社版权所有。素材可以自由使用和复制传播，仅限非商业用途。

编程意味着什么？

编程意味着使用一种计算机能理解的语言命令计算机。

因此，一段程序通过简单地告知计算机在何种场合下作何反应，将计算机转变为特定问题的实用工具。程序员编写的程序必须非常准确，而且要考虑各种可能性，因为计算机并没有自主思考的能力！

算法

算法是指为得到预期结果而准确设计的一系列有序指令。举个例子，尝试描述图中机器人如何到达网格中的目的地。为了让机器人从A1到达C3，它需执行以下步骤：首先向右移动两次，每次1格；然后向上移动两次，每次1格。这就是一个简单的算法。

显然，解决问题的方法不可能只有一种！

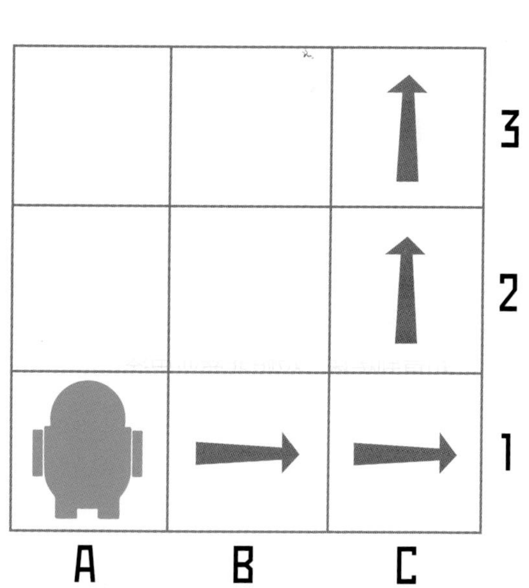

Scratch 2.0

“Scratch是MIT媒体实验室终生幼儿园小组的研发项目，它是一款免费软件。Scratch帮助青少年学习创造性思维、系统思考和协同合作，这些都是21世纪的关键技能。你可以使用Scratch编程实现交互式故事、游戏和动画，并于在线网络社区和他人分享你的作品。”

[https://scratch.mit.edu/about/]

虽然本书的项目使用Scratch 2.0设计，然而也有学习者在使用较老的版本（1.4）。

Scratch不仅仅是程序设计语言，它还是编程环境、在线社区、官方网站和允许用户上传项目的云平台。

Scratch有两种使用方法，你既可以使用网络编辑器，也可以下载离线编辑器。若采用后者，那么即使没有网络连接你也能够使用。

在线编辑器

进入官方网站scratch.mit.edu后，创建账号并加入Scratch社区，你就能使用Scratch在线编辑器了。我们建议家长或老师帮助孩子完成这项工作，因为此过程需要填写个人资料。

注册账号后，使用用户名和密码即可登陆个人空间开始创作。

新创作的项目默认是未分享的，当然你也可以分享该项目。

离线编辑器

进入网站【scratch.mit.edu/scratch2download】并按照页面的指导步骤，下载并安装Scratch离线编辑器。

使用离线编辑器不需要注册账号。

无论在线还是离线，进入网站【scratch.mit.edu/tips】后，你会发现许多有用的建议，相信它们能够帮助你入门并进一步探索，这些主题本书也会进行讨论。

Adobe AIR

如果计算机未安装该软件，则下载并安装最新的**Adobe AIR**。

Scratch 2.0离线编辑器

下载并安装**Scratch 2.0离线编辑器**

辅助素材

是否需要入门帮助?
下面有一些不错的资源。

新手项目
入门指导
Scratch套卡

角色、舞台、脚本

角色

你在Scratch中使用的2D人物和各种物品称为角色。虽然Scratch允许你在角色库中选择角色，但是你也能自行设计、从计算机上传，或摄像头拍照创建。

角色　　新建角色

舞台

Scratch舞台包含项目的所有背景。和角色类似，你可以从背景库中选择背景，或者自行设计背景，从计算机上传或使用摄像头拍摄背景。

新建背景

从角色库中挑选角色

从背景库中挑选背景

自行设计角色或背景

从计算机中上传角色或背景

使用摄像头拍照，从而创建角色或背景

脚本

脚本是你让角色或舞台执行的指令和命令。

顺序结构

计算机一定是从上往下地、逐块地执行命令。

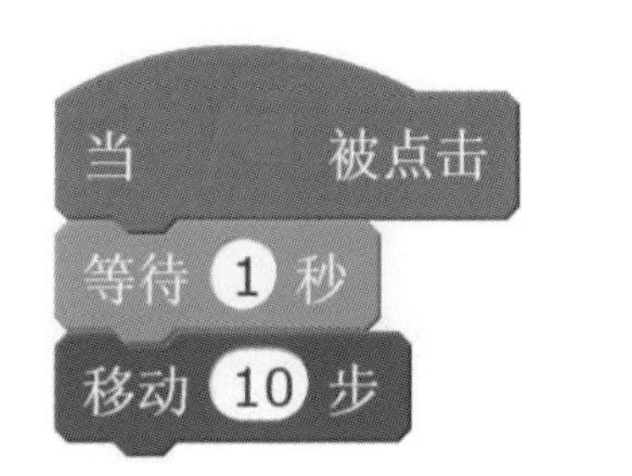

激活脚本

当Scratch执行一段脚本时，该脚本的边缘就会发光！

功能区

Scratch 2.0有五大主要区域，我们一起来了解一下。

游戏场景：这里便是故事和游戏的展示窗口。在这一区域有如下按钮：

启动游戏。

停止游戏。

激活游戏模式。注意！在游戏模式中仅能进行游戏，无法做太多改变！再次点击该图标即可返回到项目中做相应的调整。

舞台区：这里包含项目中的所有背景。

角色区：这里包含项目中的所有人物和物品。

积木区：这里包含Scratch中所有积木命令块。

脚本区：给背景和各个角色设置你希望执行的命令。

工具栏

语言：

点击这里选择你的语言。

印戳：

使用这个工具复制任何你想复制的元素。

缩小：

让角色变小。

SCRATCH 文件 编辑 提示 关于

移除：

删除你不想要的元素。

放大：

让角色变大。

积木说明：

可帮助你理解积木的功能。

撤销最后一次删除，还能放大脚本区。

直接进入Scratch的官方网站。

文件 编辑 提示 关于

打开或保存项目。

该按钮会展示一个项目列表，这些项目对于Scratch入门有如神助。其中还包含实践经验等信息。

积木块

帽子积木块：

帽子积木永远置于脚本的最上方，它表明程序从何开始。没有任何一块积木可以放置在它上方。

面向 90 方向

堆叠积木块：

这类积木块的使用频率最高，因为它们告诉游戏的各个部分到底要做什么。你可以在它们上方和下方放置其他积木块。

C形积木块：

这些积木块会告知程序在某些情况下触发执行脚本，或多次执行某些脚本。之所以呈现C形是因为它们可以包裹其他积木块。

终止积木块：

它们放置在脚本的末尾，用于表示这段脚本已结束。它们下面不能再放置任何积木块。

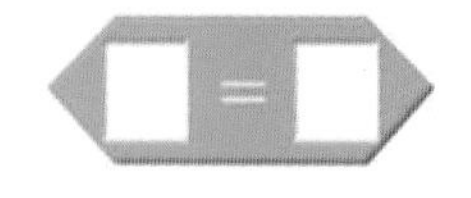

布尔积木块：

外观为两侧凸起的六边形，这类积木块只能得到两种值：代表真的TRUE和代表假的FALSE。

x 坐标

参数积木块：

它们的两侧是圆形的，其数据类型多样，比如数字或字符。

仔细观察！

你会看到某些积木块上有黑色的倒三角。如果你点击它，则会打开在计算机世界中称之为下拉菜单的选项框。此时你可以选择其中任意一项。

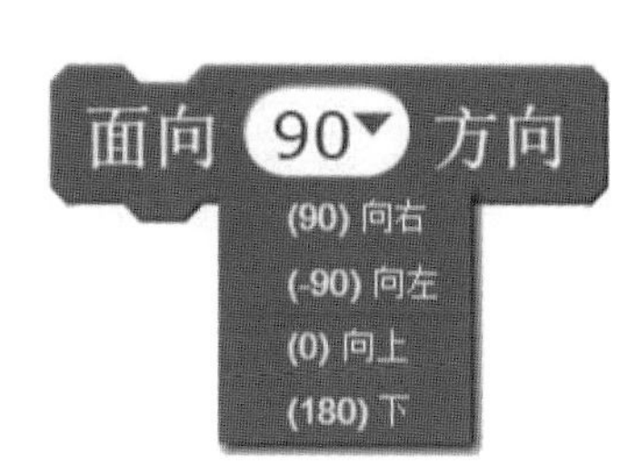

运动	事件
外观	控制
声音	侦测
画笔	运算
数据	更多积木

Scratch中的积木根据所属类别的不同而拥有不同的颜色。例如，所有让角色移动的积木块都位于运动类别中，并且都是深蓝色。点击积木的类别名，就能看到其他类别中的积木了。

这些积木是可以相互连接的，只要它们的外观与你想要放置的空位相吻合即可。

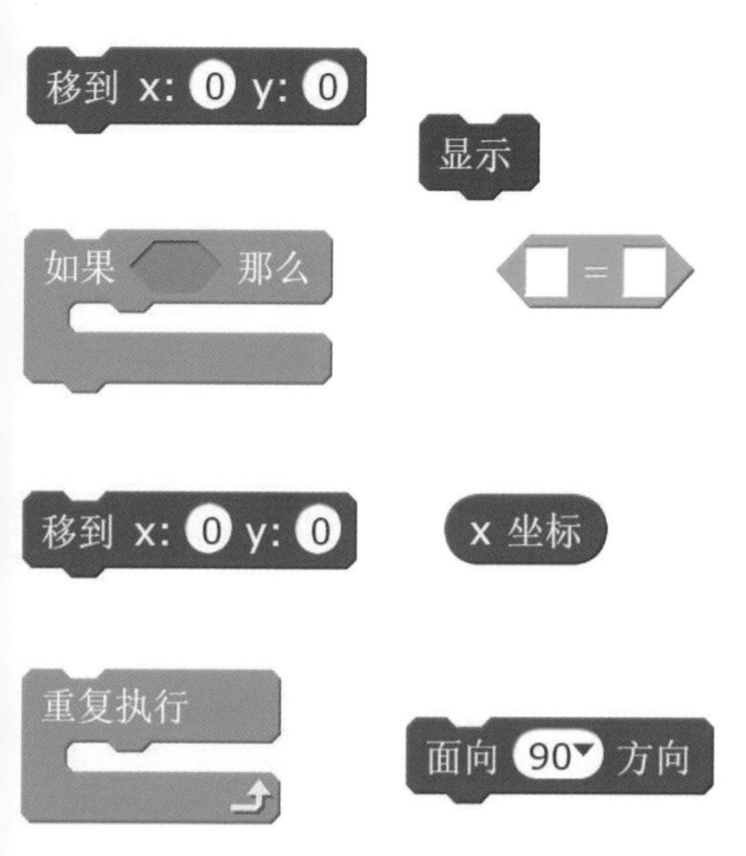

运动	事件
外观	控制
声音	侦测
画笔	运算
数据	更多积木

运动：该类别包含控制角色移动的指令。

外观：包含改变舞台上所有物品外观的积木块。

声音：想在项目中添加音乐和音效吗？声音类别的积木可以做到。

画笔：无论是绘制简单的线条还是创建复杂的视觉效果，你都需要一支画笔！

数据：点击该类别后便能新建数据。这有什么用？在后面的项目学习中便知！

事件：该类别积木块表示发生了某些事件或情况。

控制：此类别的积木极为重要，因为它告诉程序如何以及何时控制各种脚本。

侦测：如果两个角色碰撞，如果按键被按下，侦测类积木都会察觉到！

运算：有时你必须要做一些数学运算，此类别积木可做简单运算或比较两个数字的大小。

更多积木：虽然此类别默认是空的，但是它却能制作属于自己的积木块！

窗格

角色窗格

每个角色都拥有3个窗格。

第一个窗格是脚本，它展示了积木块列表，右侧是构建脚本的区域。

第二个窗格是造型，它包含当前角色的所有造型，你可以将其理解为该角色的外观展示效果。

右侧是Scratch的绘图编辑器，能够编辑角色的造型。

第三个窗格是声音，你不仅能从Scratch声音库中添加声音，而且还能自己录制音频或从计算机上传音频文件。

舞台窗格

舞台同样包含3个窗格。

脚本和声音与角色对应的窗格类似。

但是第二个背景窗格稍有差异。

正如角色根据所穿戴的不同造型而展示不同的外观一样，舞台也根据其背景改变外观。

若打开背景窗格，你就会看到所有曾经插入的背景图片。当然啦，你还可继续添加！

项 目

欢迎进入电子游戏的世界，这将是你编程大冒险的开端。

如果你的计算机上无法运行Scratch 2.0，
要向身边的大人们求助哦！

有一些程序看上去简单，操作起来也很简单……
但是真正的挑战是从零开始编程，构建创造整个程序！

1.

难 度

消灭蚊子

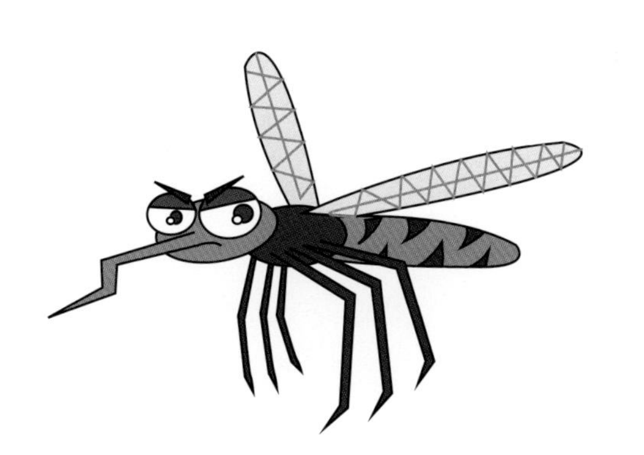

我们的第一个程序是一只嗡嗡乱叫的蚊子在屏幕上游荡。

游戏规则

当蚊子在屏幕上游荡时，尝试用鼠标对准蚊子，点击并消灭它。

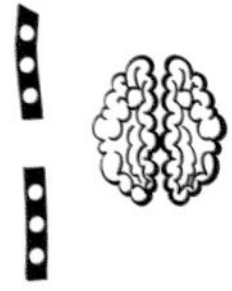

你将学到的内容：

- 创建一个新的项目
- 编程实现随机运动
- 切换角色的造型

游戏素材

角色

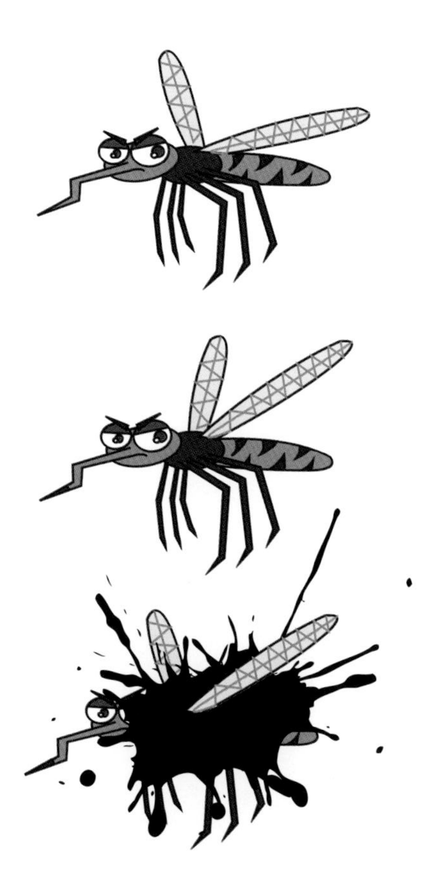

背景

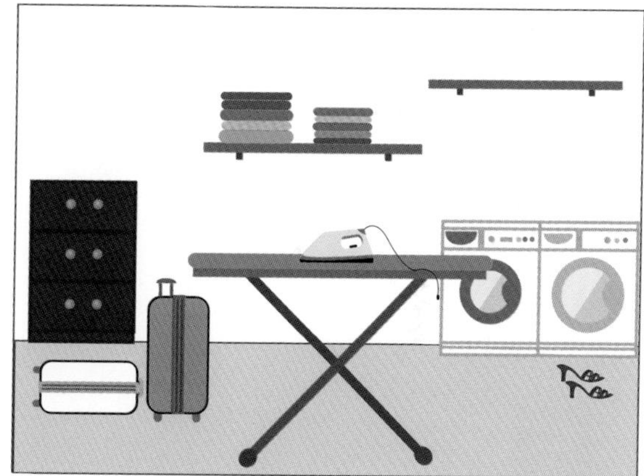

素材

我们已经在本书开篇的素材网站中，准备好了创建游戏需要的所有素材。网站上有各种各样的角色和背景，方便你实现有趣的冒险故事。

开始编程

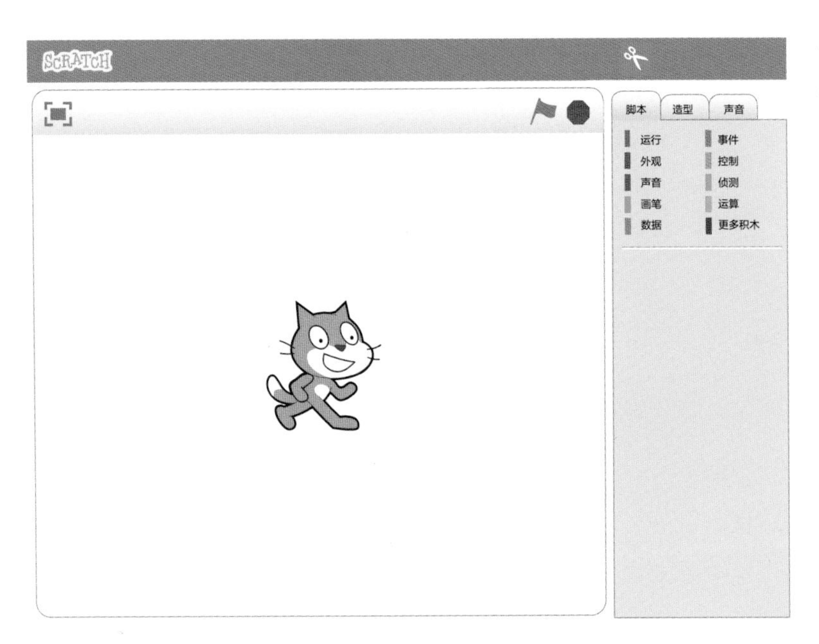

在开始编程之前，我们先确保所需工具已经准备就绪。打开Scratch准备开始吧！

打开Scratch后稍等片刻，你就会看到我们的第一个项目。
不过它目前是空白一片，所以说还是空项目……
当创建新项目时，舞台中央默认出现一只猫咪，这就是Scratch的角色。

这只Scratch猫咪并非本游戏的角色，因此我们使用移除工具将其删除。

选择角色

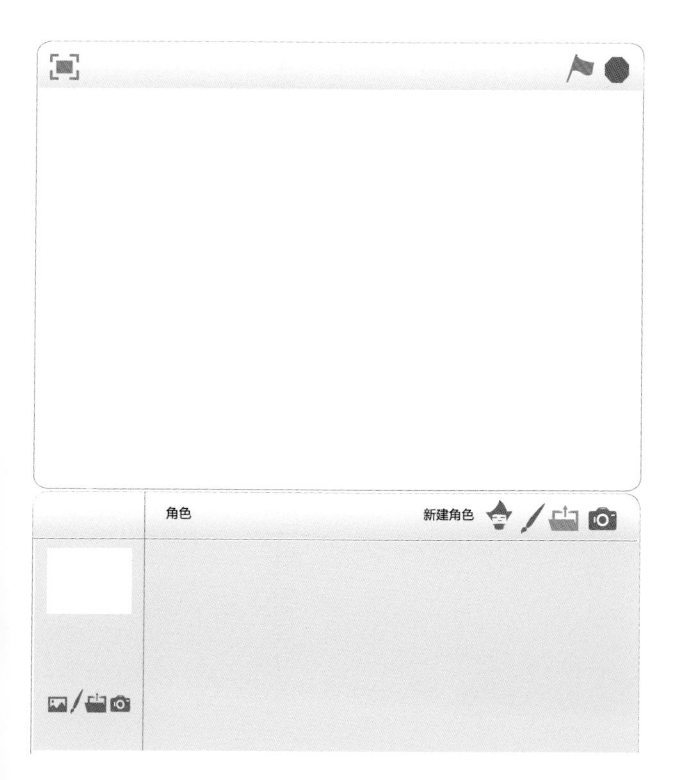

游戏中怎能不包含移动、说话、奔跑和跳跃的人物或物体呢？尝试添加第一个角色吧！

在网站下载相关素材，点击新建角色区域的文件夹图标，从计算机上传角色。

关于如何从素材网站下载角色的问题，请参见本书的前言部分。

选择你喜欢的蚊子角色。

角色

“角色”一词在日常英语中是指小精灵或幽灵。我们刚才导入的二维平面物体称之为角色，它以固定的图像在屏幕上移动，而背景并不是该图像的一部分。这种渲染和让角色运动的方法诞生于上世纪70年代，电子游戏使用该原理便有可能添加更多精美的角色。而在这项发明之前，计算机只能在角色移动之后重绘整个角色。

选择背景

角色不是在虚无缥缈的空间中移动的，因此游戏应当有一个或多个背景。
在本项目中，蚊子会飞到墙的前方。因此正如之前对角色的操作一样，我们需要从素材网站中选择合适的背景。

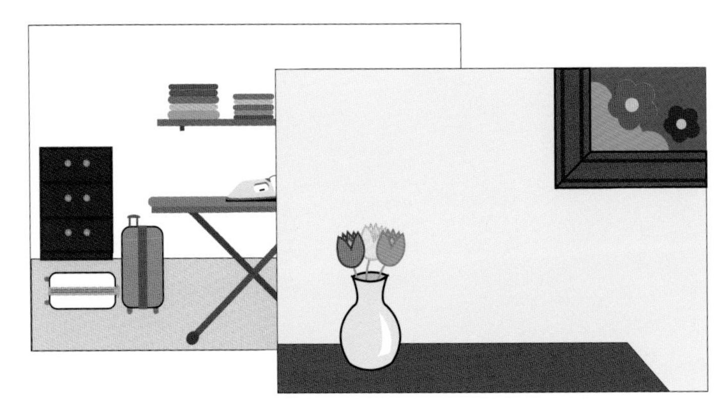

点击新建背景区域的文件夹图片，从计算机上传一张背景图片。
再次说明，你可以从本书的素材网站进行下载。

背景

Scratch创建的游戏几乎总是被设置在固定的图像，即背景上。和角色一样，你可以选择自行绘制背景、上传背景、导入背景库中的背景或使用摄像头拍照。

注意！背景和舞台是两个不同的概念！舞台是Scratch的一部分，用于运行指定的命令。舞台可以改变背景或实现与角色无关的功能，而不是游戏的所有功能。

第一个造型

当 被点击
将造型切换为 造型1

每个角色都需要知道自己要做什么、何时去做，而只有你可以告诉它们！首先我们关注下脚本区域。

关于Scratch功能区的内容，参见第20页。

尝试拖拽第一块积木“当绿旗被点击”到工作区域吧！绿旗是游戏开始的象征，当程序启动时，角色会按顺序执行该积木下方的所有指令。

在这块积木下方拖拽一块“将造型切换到”。这段脚本的含义是：只要点击绿旗，那么角色就会显示你选择的造型。

造型

角色的造型就是角色的显示效果。
即使其造型改变，角色还是那个角色。
就像即使你穿什么衣服，你还是那个你一样！

造型是角色在游戏中的展示方式。有趣的是，它对想象力没有任何限制，你甚至可以用命令让恐龙瞬间变成苹果。如果想发挥Scratch的潜在优势，那你必须要认真学习这个工具哦！

让蚊子飞

蚊子在游戏的整个过程中始终游荡在屏幕上。

为了实现该效果，我们添加“重复执行”积木并放置到脚本末尾。

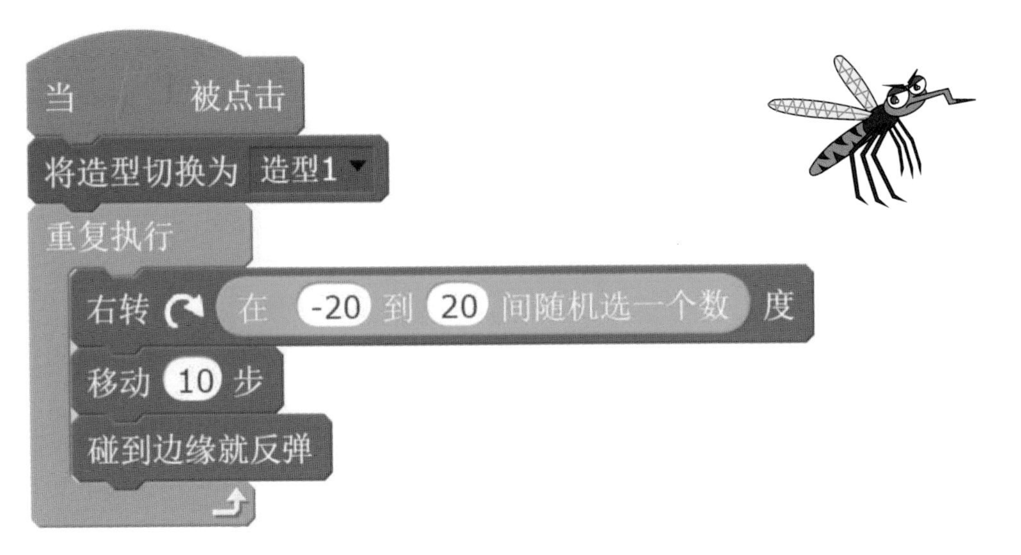

添加“重复执行”和一些动作命令，就能模拟蚊子的飞行轨迹：

积木“右转…度”将改变蚊子的飞行方向，“移动10步”让蚊子朝该方向移动。

为了让蚊子飞行时总是选择不同的方向，脚本在“右转…度”积木的空位中插入了积木“在-20到20之间随机挑选一个数”。

填入不同的随机数，如-10和10，试试看看会产生什么效果吧！

消灭蚊子

```
当角色被点击时
将造型切换为 造型2 ▼
停止 全部 ▼
```

当蚊子被消灭时（从本项目的角度说，是当蚊子被点击时）游戏结束。

拖拽一块“当角色被点击时”积木，下方放置“将造型切换为”积木并选择角色第二个造型的名称。

最后添加“停止全部”积木结束整个游戏。

重复执行

此类积木块被称为循环，它们的作用是重复执行一系列命令。在Scratch中，“重复执行”积木会无限次地、顺序地重复执行包裹在内部的指令。为什么是永远执行？它何时结束？其实它更多是在程序全部结束时才会结束。

记得保存！

你应该不想在作品完成后却丢失了所有的辛勤劳动，对吧？

点击文件，然后再点击另存为。
为你的项目起一个名称，然后选择保存的路径。

在这之后就不需要另存为了。
只要点击保存，计算机就会自动记录最新的变化。

你知道吗？

另存为

无论是使用Scratch还是其他程序创建的文件，一定要记得经常保存，避免在发生意外时丢失了之前的工作。
如果是首次保存，必须指定文件名和路径。之后你既可以选择更新当前文件（点击文件>保存），也可以选择用其他文件名创建副本（点击文件>另存为）。例如，使用另存为保存并打开副本，尝试修改你不太确定的变化。

你知道吗？

文件和文件夹

一款游戏、一个文档、一本书、一部电影、一首歌……对于计算机来说，这些都是文件。它们记录了许多信息，程序负责读取其中的信息。
计算机记录了成千上万个文件，为了便于查找，它们被组织到文件夹中。

完整的脚本

为了让程序一目了然，下面展示了本游戏的所有脚本。

```
当 被点击
将造型切换为 造型1
重复执行
    右转 在 -20 到 20 间随机选一个数 度
    移动 10 步
    碰到边缘就反弹
```

```
当角色被点击时
将造型切换为 造型2
停止 全部
```

脚本

在日常英语中“脚本”一词是指带有台词的剧本。在程序设计中，脚本是一系列用于执行任务的指令。为便于理解，设想Scratch中添加的人物都是游戏中的演员，每个人物都有自己要扮演的角色。那么所有的脚本，例如刚才设想的人物的脚本，都始于某一个事件，如“当绿旗被点击”，并且停止在最后一个给定的指令上，或停止于红点被点击时。

难 度

极速赛车

引擎启动，竞赛开始！以尽可能快的速度冲向终点！

游戏规则

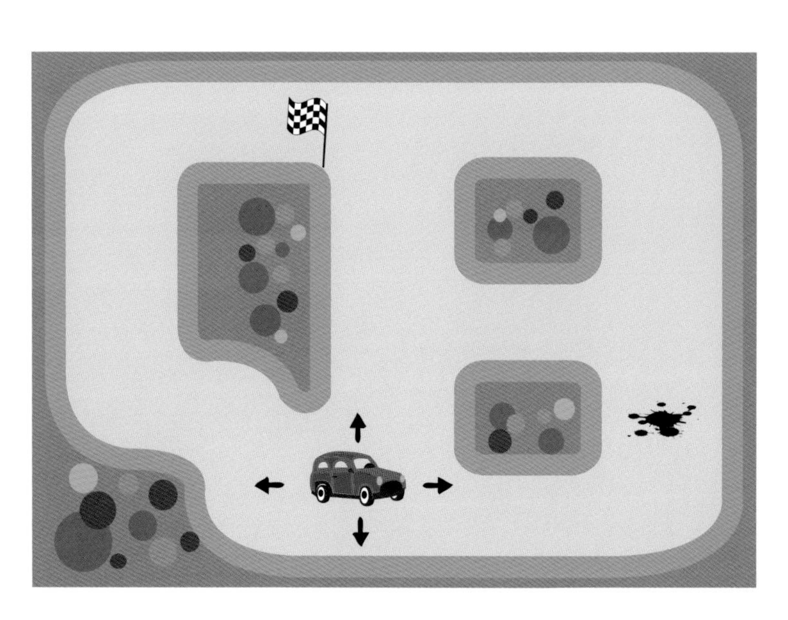

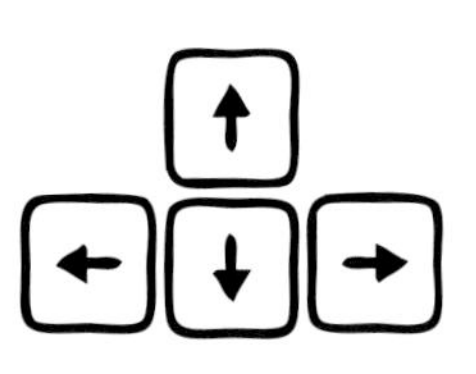

使用四个方向键驾驶赛车，冲向赛场的终点。

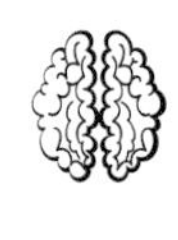

你将学到的内容：

- 角色和真实世界的交互方法
- 让角色说话

游戏素材

角色

背景

为什么人们喜欢玩电子游戏?

对于大部分人来说，我们宁可玩电子游戏，也不想打扫房间或做几页数学习题。这貌似是很正常的，可是你有想过为什么吗?

因为游戏制作者们绞尽脑汁提升游戏体验，包括游戏的趣味性和刺激程度，这可不是一项简单的任务。游戏设计领域的设计师们认为，游戏设计是创造高质量游戏体验的艺术。

开始编程

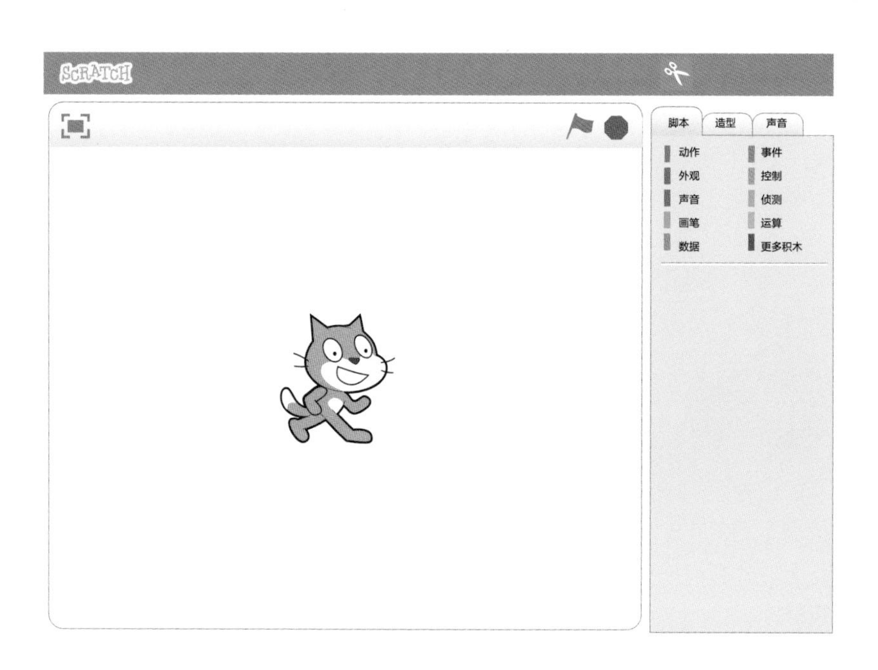

打开Scratch，开启新项目。

打开Scratch后删除默认的猫咪角色，再点击文件菜单中的另存为，给项目一个名称。

然后为本游戏选择合适的角色和背景。

选择角色和背景

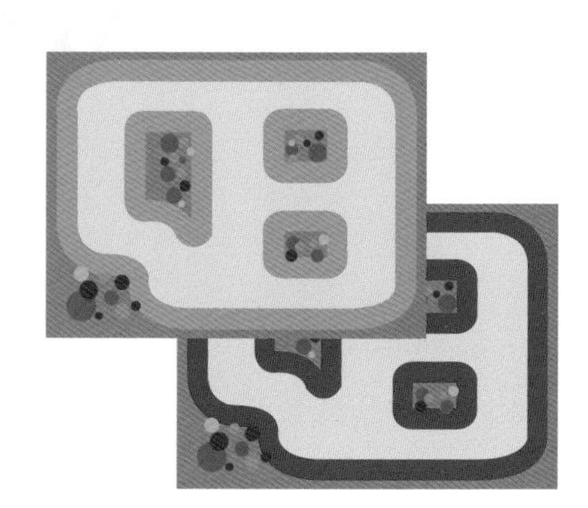

角色移动

```
当按下 右移键 ▾ 键
面向 90 ▾ 方向
移动 2 步
```

```
当按下 左移键 ▾ 键
面向 -90 ▾ 方向
移动 2 步
```

```
当按下 上移键 ▾ 键
面向 0 ▾ 方向
移动 2 步
```

```
当按下 下移键 ▾ 键
面向 180 ▾ 方向
移动 2 步
```

无论是消灭蚊子，还是像在《我的世界》中那样用立方体搭建建筑物，电子游戏的核心理念就是通过真实世界的行为与虚拟世界产生交互。例如，本游戏使用方向键控制赛车移动。

添加积木块“面向90方向”，让赛车转向右侧。

再添加积木块“移动2步”，赛车就能朝着该方向移动了。

将这两块积木放在事件积木“当按下右移键”下方。

另外三个方向左、上和下也是类似的方法。不要忘记修改每个方向键的面向角度。

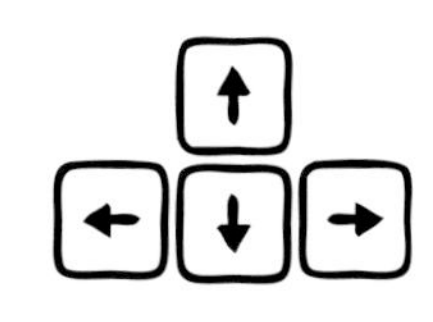

右：90
左：-90
上：0
下：180

事件

事件是运行一段脚本的标志。事件类别中的积木外观与其他积木外观都不一样，它们就像一顶帽子，没有积木可以放置在其上方。

旋转模式

尝试按下任意方向键，此时赛车就会朝着方向键的方位移动。

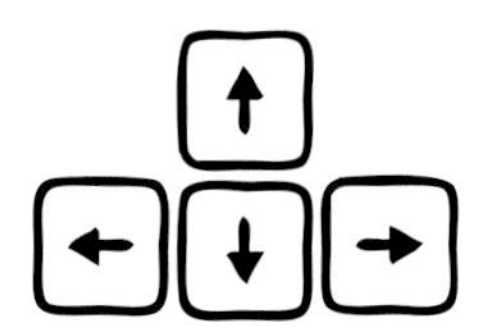

但是按下向上或向下方向键时赛车会颠倒，如何解决这个问题呢？

为了防止角色侧翻，只需改变其旋转模式！

首先点击

然后选择

Scratch规定角色有三种旋转模式：

任意旋转：角色可旋转到任意角度。

左右翻转：角色只能旋转到右边或左边。

不旋转：角色不能旋转。

引擎启动！

游戏一开始赛车应当处于起点位置，所以我们来看看如何把角色置于初始位置。

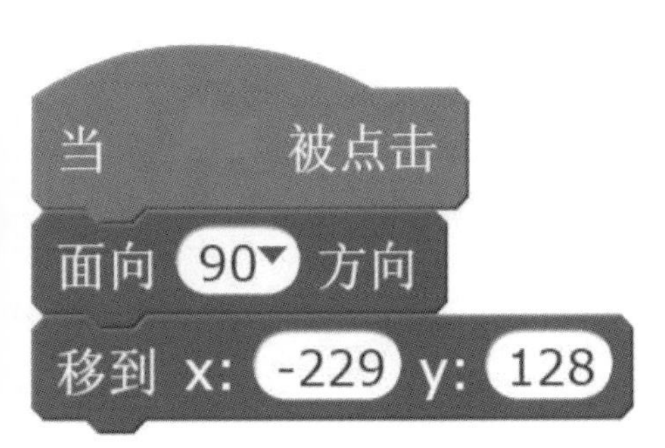

命令“当绿旗被点击”表示游戏开始。下方插入积木“面向90方向”，让赛车转向右侧。

拖拽赛车到起点位置，然后使用命令“移到 x: y:”，使赛车在每次比赛前都移动到该位置。

换言之，赛车的坐标（X和Y）将被修改到起点位置的坐标。

坐标

游戏中的任何一个点都被表示为两个数字的组合，我们称之为“X坐标”和“Y坐标”。X表示水平方向的位置，Y表示垂直方向的位置。舞台的中心点就是X:0和Y:0，因为这个点是两条屏幕中心线的交点。

Y
(X:0,Y:180)
(X:-240,Y:0)
(X:0,Y:0)
(X:240,Y:0)
X
(X:0,Y:-180)

Scratch舞台的右下方会显示鼠标当前所在的坐标位置，脚本区的右上方会显示本角色所在的坐标。

通常负坐标（数字前面有减号）出现在下方或左侧，正坐标出现在上方或右侧。

不要冲出赛道

越是好玩的游戏越需要相应的规则。游戏制作者要定义哪些是游戏中允许做的，那些是不允许的。

既然赛车可以冲出起点，若没有规则，玩家就可以作弊，冲出赛道直线冲向终点！

所以我们需要制定规则：只要冲出赛道，就让赛车重回赛道。

如何实现此规则呢？首先拖拽命令“如果...那么”，再向其中添加“移动-2步”让赛车向当前方向的反方向移动，最后向“如果...那么”中插入“碰到颜色？”积木，该颜色正是赛道边缘的颜色。

如何选取正确的颜色？先点击一次“碰到颜色？”积木中的色块，再点击一次舞台上赛道边缘的颜色。

如果...那么

无论是Scratch还是高级编程语言，最重要的概念之一莫过于“如果...那么”。“如果”和“那么”分别连接了两个事件，若“如果”中的条件成立，则“那么”中的结果必然发生。“如果”中的条件需要插入六边形外观的布尔积木，而结果中要放入普通的堆叠积木。

冲向终点！

我们的游戏就快完成了，但是还缺少一个表示终点的物体。玩家的目标是冲向终点。

将终点线放置在赛道的末尾处。
然后在赛车中编写一段脚本：“如果”赛车“碰到了终点线goal”，“那么”它就说2秒“游戏胜利！用时:”，后面跟上自游戏启动后到现在的时间。

使用“连接”积木就可以在“说”积木中插入两个元素了。

游戏没挑战？

当 被点击
移到 x: -195 y: -21

添加障碍物！

上传代表油污的角色“Oil stain”，将其放置在赛道上的任意位置。
“当绿旗被点击时”，插入积木“移到 x: y:”从而固定障碍物的位置。

重新竞速

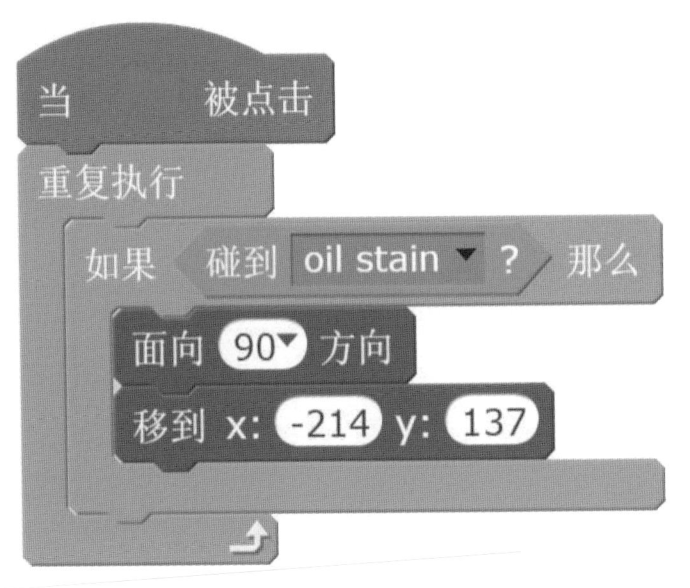

刚才我们添加了障碍物，现在玩家必须要小心它们。

一旦赛车碰到了障碍物，那么赛车就会被重新定位到赛道的起点位置。

在“如果...那么”的六边形空位中插入侦测类别的“碰到oil stain”积木。

然后添加命令“面向90方向”和“移到 x: y:”，…回到了起点位置（参见第47页）。

记得点击菜单文件>另存为，保存你的游戏！否则你的作品可能会丢失！

完整的脚本

为了让程序一目了然，下面展示了本游戏的所有脚本。

```
当按下 左移键 键
面向 -90 方向
移动 2 步
```

```
当按下 下移键 键
面向 180 方向
移动 2 步
```

```
当按下 右移键 键
面向 90 方向
移动 2 步
```

```
当按下 上移键 键
面向 0 方向
移动 2 步
```

挑战

设计你的赛道

你可以在Scratch中自行设计背景和角色。

尝试制作一个你想象中的赛道背景。

赛道不一定只能是圆形哦。

提示：

确保赛道的边缘都是同一种颜色。

难 度

逃离追捕！

外星人Zeno被派往地球执行秘密任务，但是他觉得地球太好玩不想回去了！你要帮助他逃脱一直在追捕他的外星飞船！

游戏规则

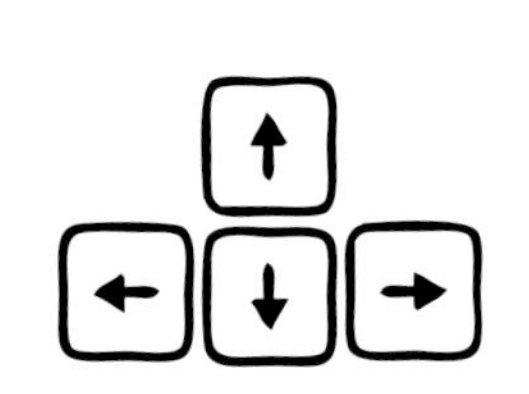

使用方向键移动Zeno，别让外星飞船把他带走。

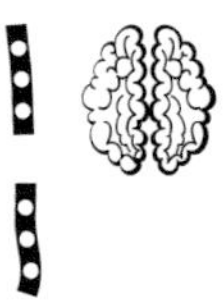

你将学到的内容：

- 更好的角色交互方式
- 编程实现随机移动

游戏素材

角色

背景

为什么我们会玩不同的游戏呢？

一款好的游戏必须能够吸引玩家。然而不是所有人都有同样的乐趣！因此游戏设计领域的专家根据玩家在游戏中的动机进行分类。

玩家是喜欢新奇的冒险，还是更喜欢预先知道即将发生的事件？玩家是想寻找对反应速度和耐心都有超高要求的艰难挑战，还是想玩游戏休闲娱乐？当你发明一款电子游戏时，记得把玩家的想法放在首位！

移动Zeno

```
如果 按键 上移键 是否按下？ 那么
  面向 0 方向
  移动 10 步
```

我们之前已经学习了按下方向键移动角色的简单方法。

但是你可能也注意到了，角色的反应好像有点慢。不过编程世界总有很多方法实现相同的功能！

首先添加让角色移动并转向的“如果...那么”积木块。
再在“如果...那么”的空位中插入侦测积木“按键是否按下？”.

这样程序就会检测玩家是否按下了方向键。在本游戏中，角色将会在选定的方向上移动。

方向

Scratch方向的单位是角度。角色向上角度为0，若准确地旋转到正右边则角度为90。角色向下为180度。

若想让角色面向左侧，你要设置角度为负数（数字前面有个减号），即从-179到0，如蓝色箭头所示。反之，若想让角色面向右侧，则设置角度为正数，即从0到180，如图中红色箭头所示。

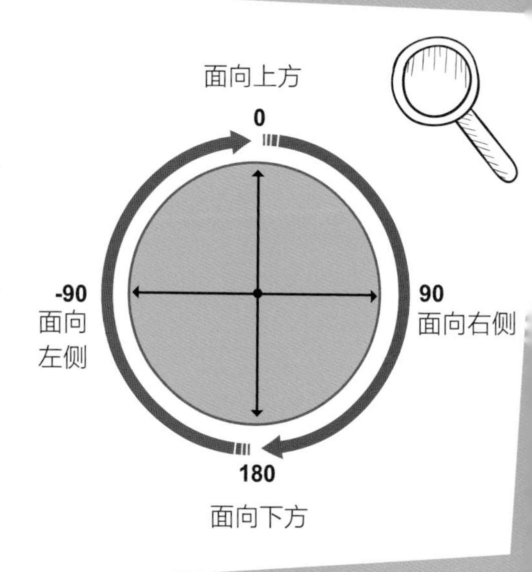

```
当 被点击
重复执行
  如果 <按键 上移键 是否按下?> 那么
    面向 0 方向
    移动 10 步
  如果 <按键 左移键 是否按下?> 那么
    面向 -90 方向
    移动 10 步
  如果 <按键 右移键 是否按下?> 那么
    面向 90 方向
    移动 10 步
  如果 <按键 下移键 是否按下?> 那么
    面向 180 方向
    移动 10 步
  碰到边缘就反弹
```

把其他方向的移动脚本补充完整，并防止角色超出舞台边界。

重复设置其余方向的脚本，关联每一个方向键。然后用“重复执行”积木包裹整段脚本，确保它在游戏运行期间执行。

最后在“重复执行”内部（“如果...那么”外部）放置一块“碰到边缘就反弹”积木，这样就能防止Zeno移动到屏幕外。毕竟Zeno除了要逃离宇宙飞船的追捕外，也不能逃离我们的屏幕！

随机起点位置

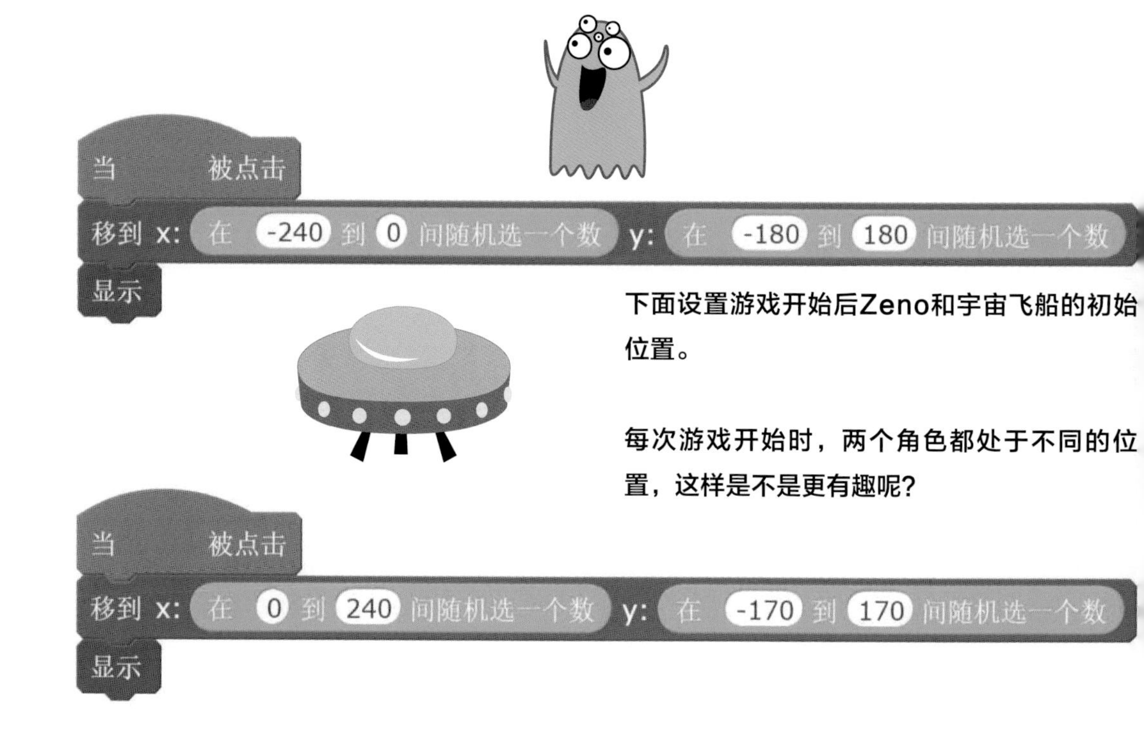

下面设置游戏开始后Zeno和宇宙飞船的初始位置。

每次游戏开始时，两个角色都处于不同的位置，这样是不是更有趣呢?

还记得如何设置角色的起点位置吗?
我们在第二个游戏极速赛车中就应用过啦!

首先插入积木“移到 x: y:”。
只要点击了绿旗，X坐标和Y坐标就会发生变化。

从运算类别中拖拽两块“挑选随机数”积木，分别插入到移动积木的X和Y空位中。

为了避免游戏开始时Zeno和宇宙飞船距离太近，我们将两者随机设置到屏幕的两侧。
对于Zeno，我们将其定位在屏幕的左侧，而宇宙飞船定位在屏幕的右侧。

最后添加一块“显示”积木。它的作用我们随后说明。

追逐开始

是时候给宇宙飞船编写脚本了，准备追逐Zeno吧！

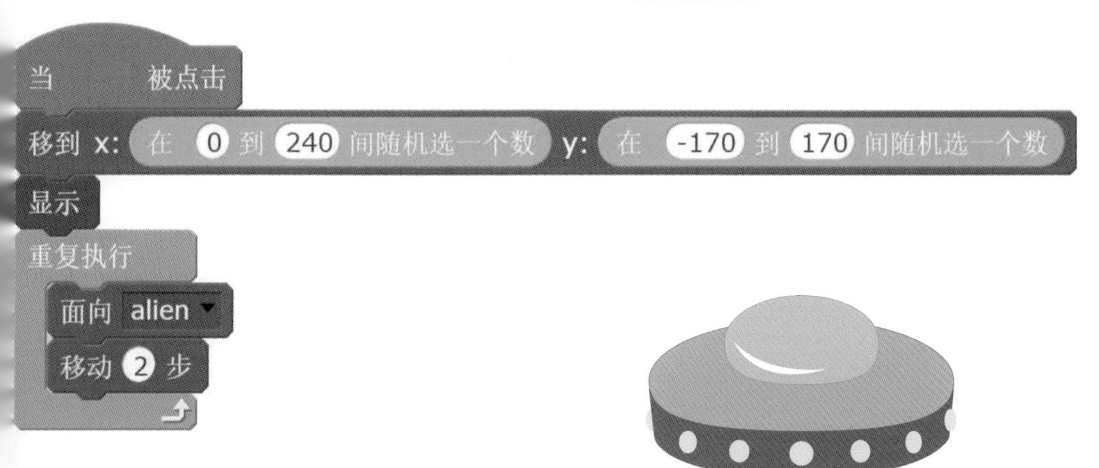

首先插入“面向方向”积木和“重复执行”积木，然后从下拉菜单中选择Zeno对应的角色名。

这时宇宙飞船会一直面向Zeno，那么再添加一块“移动...步”积木后，它就能朝着Zeno飞行了。

注意，宇宙飞船的移动速度要低于Zeno的移动速度，否则游戏就没法玩了！

Zeno小心！

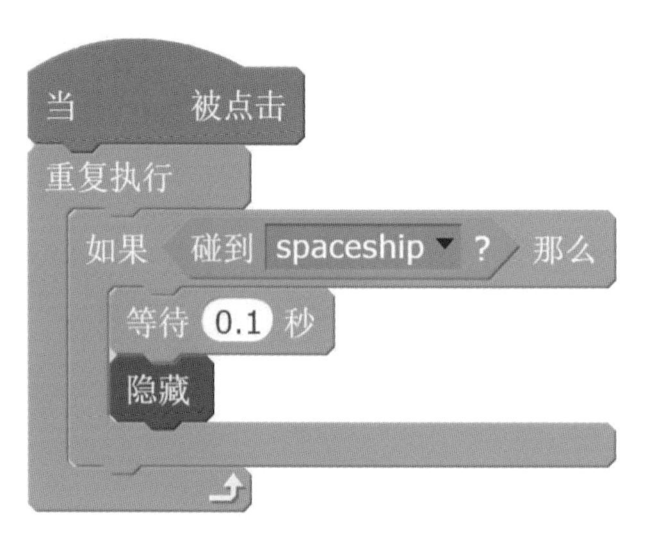

既然Zeno和宇宙飞船都能移动，该创建游戏的关键逻辑了！

如果Zeno碰到了设法抓住他的宇宙飞船，那么他就会消失。

在“如果...那么”积木的六边形空位中放入侦测积木“碰到”。

点击黑色小三角打开下拉菜单，选择宇宙飞船对应的角色名。然后在“如果...那么”中添加“隐藏”积木。只要两角色发生碰撞，Zeno就会隐藏，这也正是之前脚本需要“显示”积木的原因。

在角色隐藏之前，添加“等待0.1秒”积木块，确保正确执行碰撞检测。

你知道吗？

碰撞

所谓碰撞是指在游戏世界中，程序员检测两个对象是否相互接触，因此碰撞并不是指宇宙飞船或直升机坠落的壮观景象。虽然我们只是想让宇宙飞船抓捕Zeno，但脚本也需要时刻关注两个角色是否发生了碰撞。一旦检测出碰撞，我们就能执行相应的行为。

Scratch使用“碰到”积木做碰撞检测。但是要注意，如果角色外观是不规则的形状，那么程序可能难以准确地检测出碰撞结果。

重返星球!

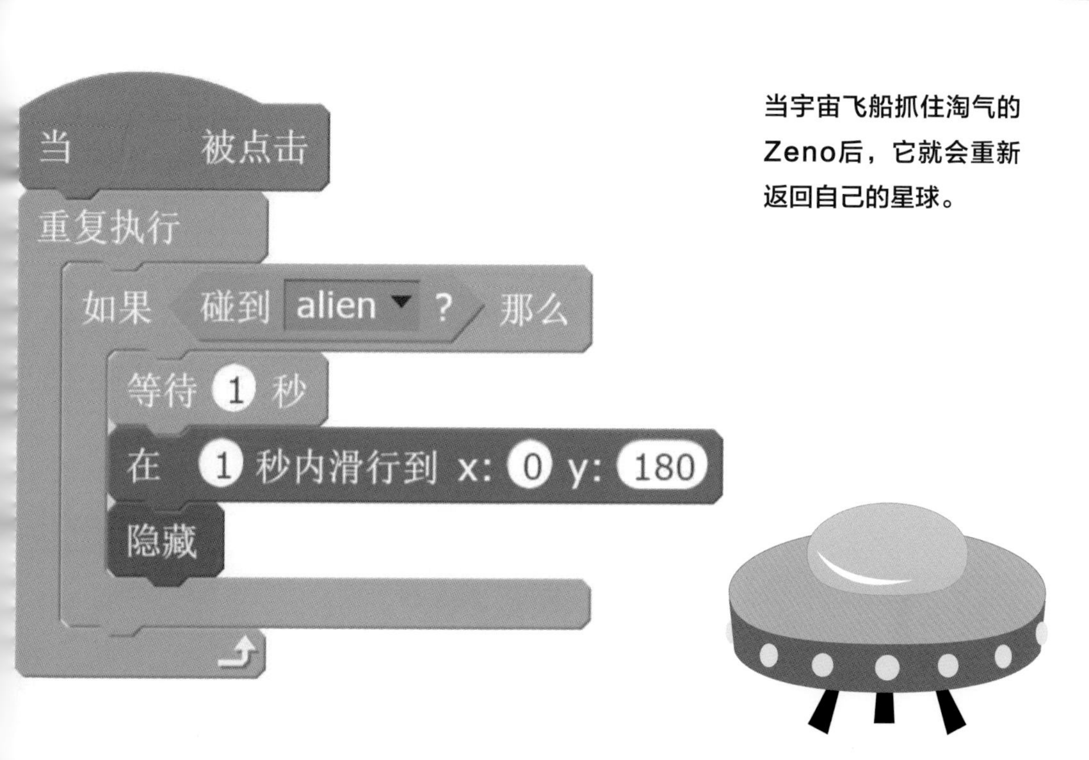

当宇宙飞船抓住淘气的Zeno后，它就会重新返回自己的星球。

我们来构建脚本吧。“如果”宇宙飞船“碰到”了外星人Zeno，它将“在1秒内滑行到 X:0 Y:180”。这个坐标是屏幕顶部中心的位置。

一旦宇宙飞船到达顶部，它就会使用“隐藏”积木消失。

记得点击菜单文件>另存为保存你的游戏！否则作品可能会丢失！

完整的脚本

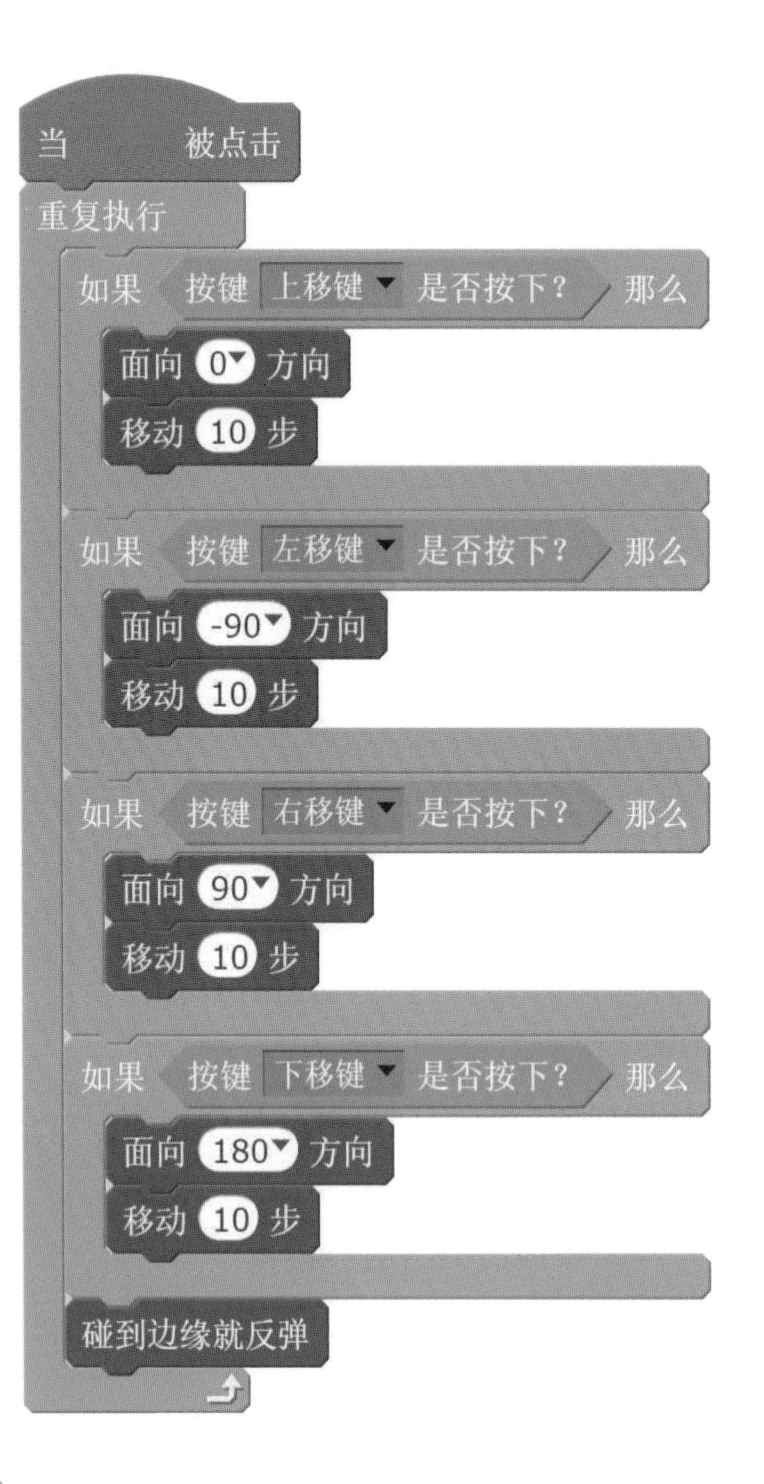
当 被点击
重复执行
如果 按键 上移键 是否按下? 那么
面向 0 方向
移动 10 步
如果 按键 左移键 是否按下? 那么
面向 -90 方向
移动 10 步
如果 按键 右移键 是否按下? 那么
面向 90 方向
移动 10 步
如果 按键 下移键 是否按下? 那么
面向 180 方向
移动 10 步
碰到边缘就反弹

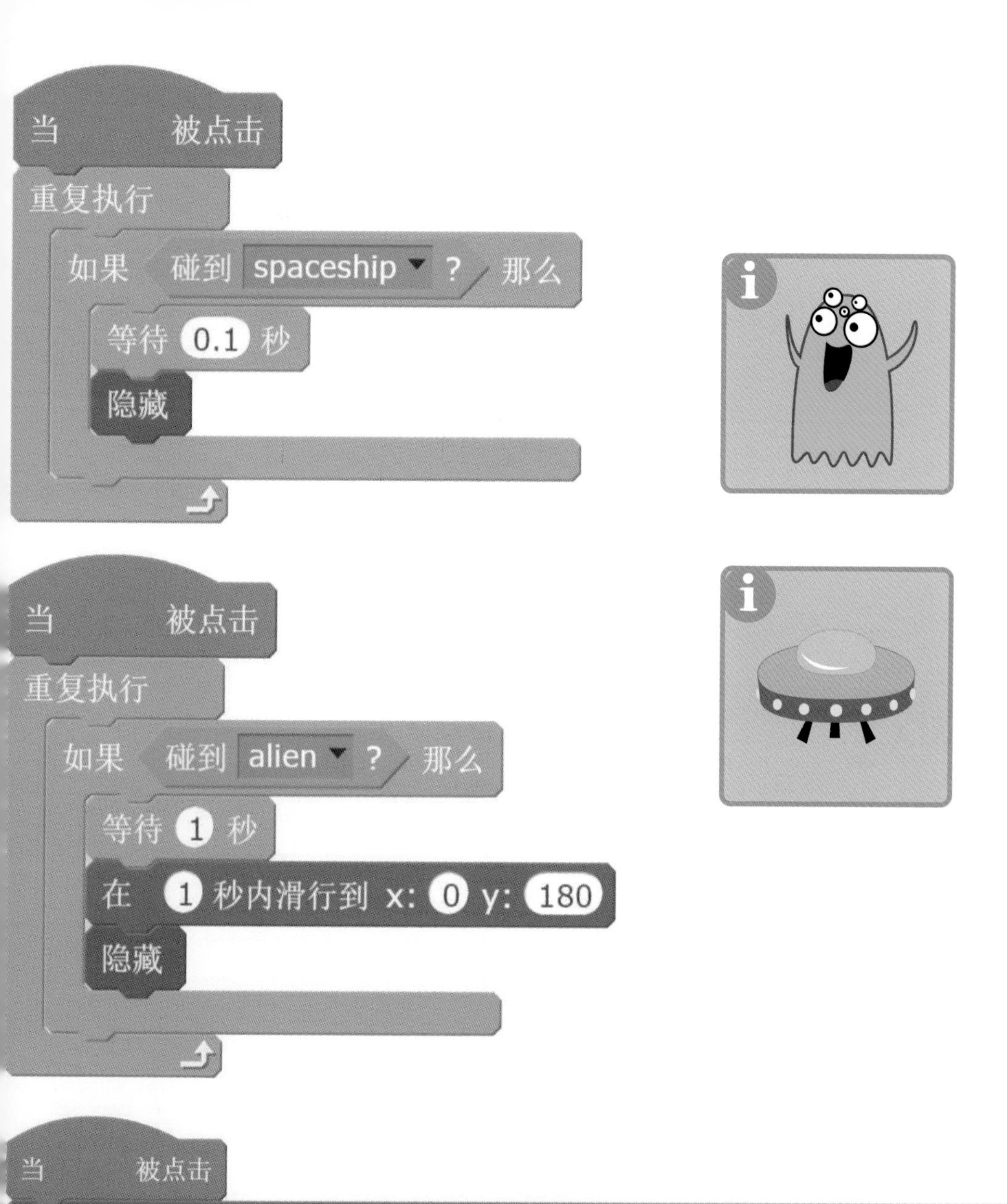


```
当 被点击
移到 x: 在 0 到 240 间随机选一个数 y: 在 -170 到 170 间随机选一个数
显示
重复执行
    面向 alien
    移动 2 步
```

挑战

角色互换

为什么不能把游戏功能倒置呢?

尝试将游戏修改为你操作宇宙飞船
抓捕外星人Zeno。

提示:
注意，绝不是互换角色脚本这么简单!

难 度

沙滩冒险

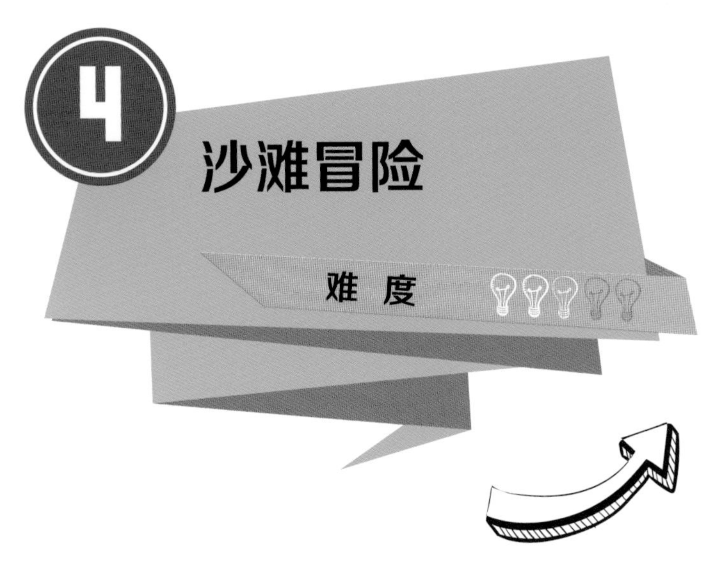

收拾行李去沙滩就够累了，现在还要接住从天上掉落的脚蹼、潜水镜和沙滩玩具！

游戏规则

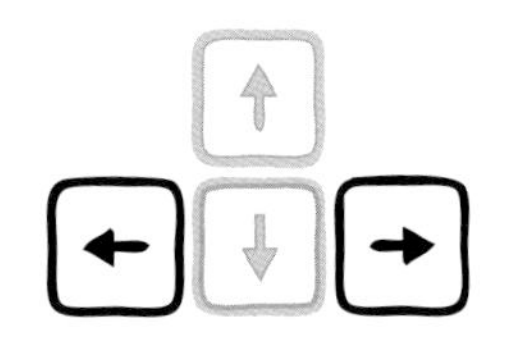

使用方向键控制Milo，让他接住空中掉落的沙滩玩具、泳衣和脚蹼等任何沙滩所用的物品。

小心不要漏掉了物品！

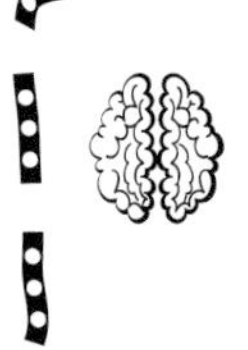

你将学到的内容：

- 使用变量管理游戏的分数
- 通过消息创建新的事件

游戏素材

角色

背景

创建规则是为了什么？

游戏的创作者完全掌控游戏规则。既然如此，为什么我们不创造无敌的角色、愚蠢的敌人和直接通向关底的捷径呢？

正如我们之前所讲的，游戏之所以吸引人，正是由于它能消遣娱乐，而且十分刺激并具备挑战。如果游戏中不存在障碍、困难和危险，我们的冒险旅程就会变得非常无聊。当然规则也不是随便建立的，而是基于整个游戏的体验。

移动Milo

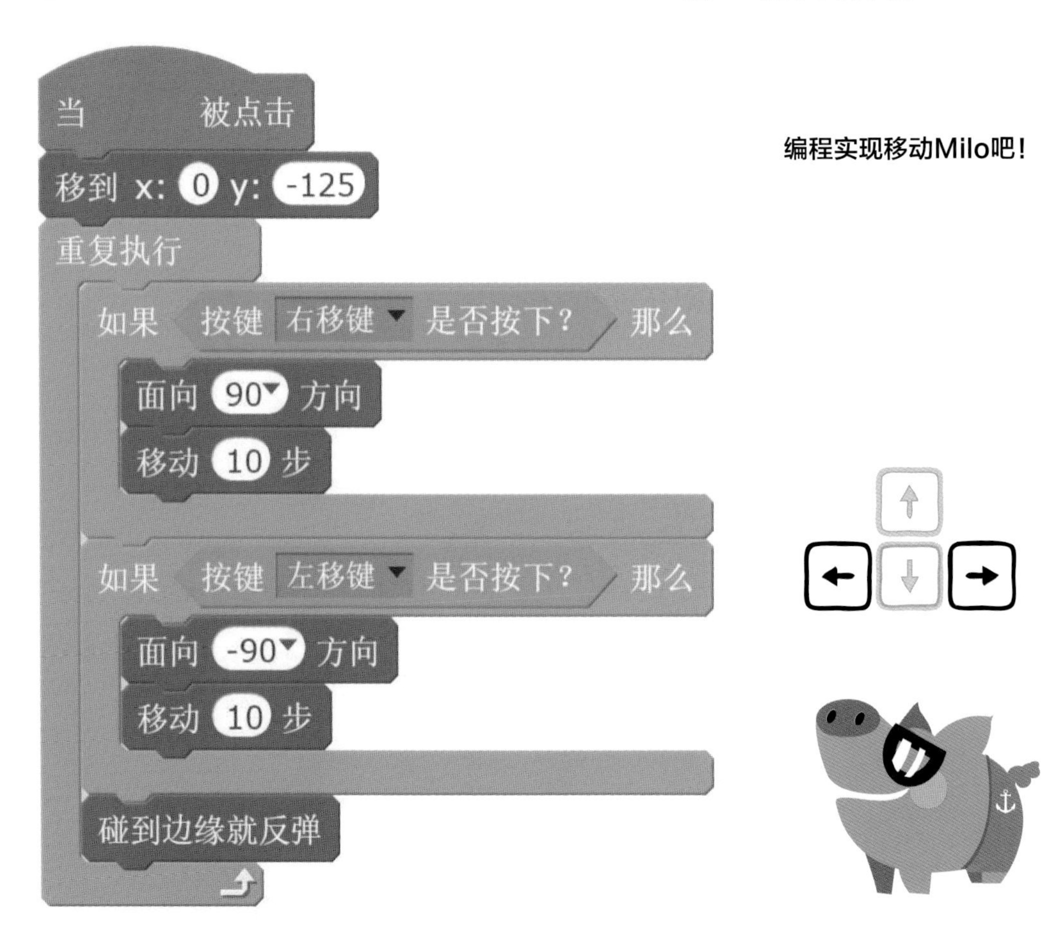

使用“移到 X: Y:”设置初始位置后，我们使用方向键控制Milo移动。

我们限定只能使用左右方向键移动小猪，因此脚本只要处理这两个方向键。记得修改角色的旋转模式（如果忘记方法，参见第2个项目）。

为确保Milo不会超过游戏边界，在“重复执行”内添加“碰到边缘就反弹”。

定位掉落物

在下落之前，程序要先将掉落物定位到合适的位置。玩家不应该看到这个过程！

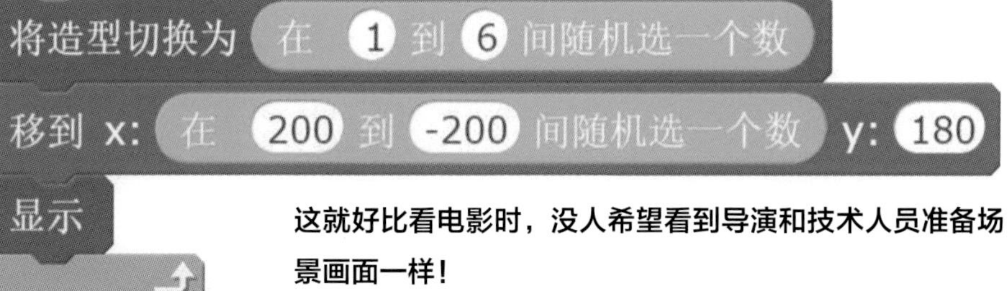

这就好比看电影时，没人希望看到导演和技术人员准备场景画面一样！

首先我们令掉落物角色隐藏并面向下方。

接着让角色随机选取其造型，这样一个角色就实现了多种物体下落的效果。

然后将角色随机定位到游戏界面最上方。

掉落物的准备工作都做好了，最后执行“显示”命令即可。

掉落物下落

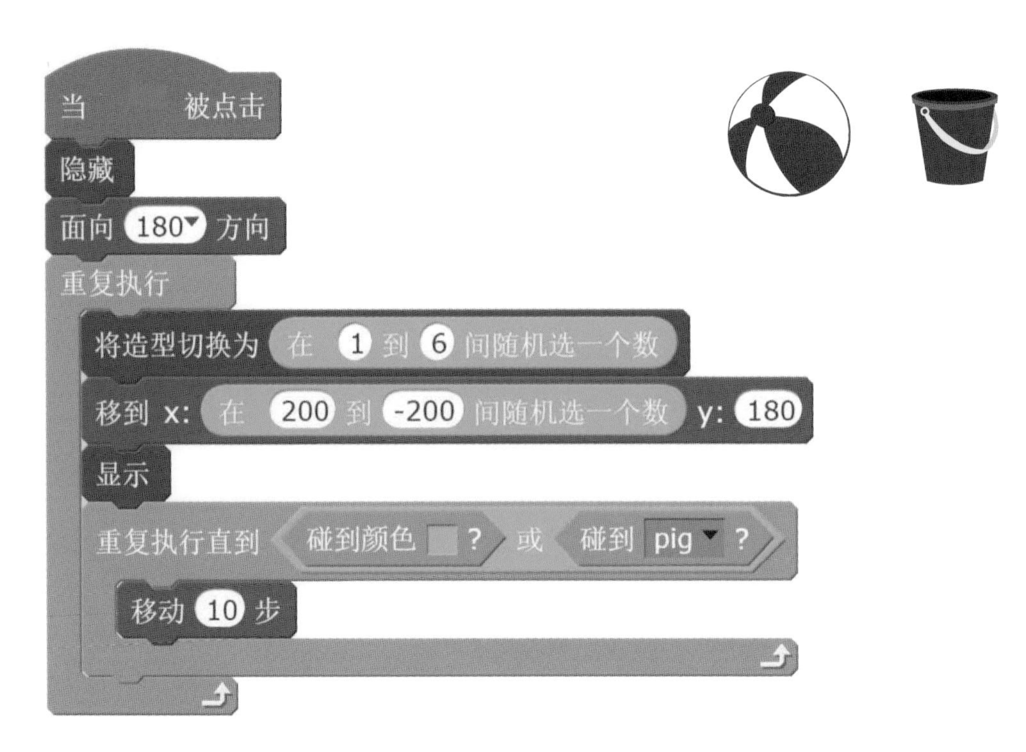

继续在“重复执行”中添加“重复执行直到”循环，并在后者中添加“移动10步”积木块。那么究竟在什么情况下执行移动积木呢？先在空位插入一块“或”积木，然后在其两侧分别插入“碰到颜色？”和“碰到？”积木块，这样掉落物就能持续地“移动10步”，直到碰到草地的绿色“或”碰到Milo为止！

逻辑运算符

逻辑运算符的例子（与、或、不成立）在生活中随处可见。

与：“与”也称为“并且”。如果我有一只猫“并且”有一只狗，我将会非常开心。注意，只有在同时拥有的前提下，我才开心。两个条件必须同时满足，缺一不可。

或：如果我有一只猫“或”一只狗，我将会非常开心。这句话的逻辑是，无论我有一只猫还是一只狗，只要满足其一，我就开心（当然两个都有我也开心）。

不成立：假设我们不养宠物。“不成立”运算符会将这句话的含义反转为：只有当我们养宠物这件事“不成立”时，刚才的假设才是真的。

变量

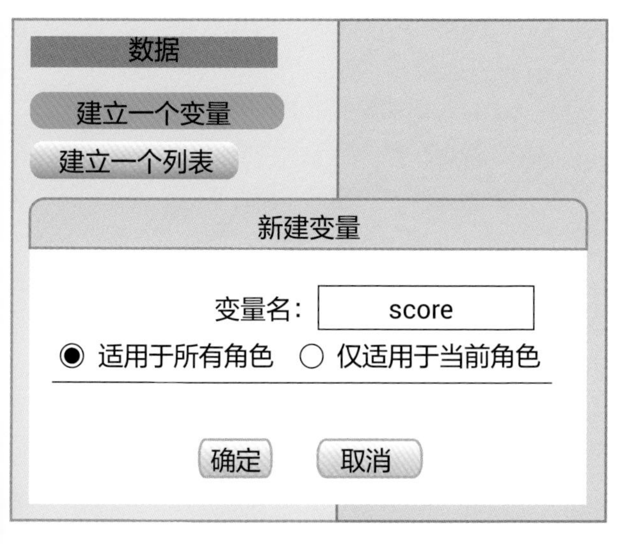

分数是许多游戏的关键元素，因为它给予玩家目标，同时也衡量了玩家的水平。通过学习构建分数系统，你将会意识到变量是编程中最重要的概念之一。

分数是游戏过程中变化的信息，它由计算机记录、更新并显示。在项目中，游戏一开始分数为0分，每接到一次掉落物分数加1。

在“数据”类别中，点击“建立一个变量”。

变量需要一个名字。因为本项目要创建分数系统，因此将其命名为分数的英文单词“score”。又因为有多个角色要使用该变量，因此将其设置为“适用于所有角色”。

使用相同的方法创建变量“lost”，它表示未接住的掉落物数量。

变量

什么是变量？我举一个简单的例子。如果别人询问你的年龄，你当然不会觉得这个问题有任何困难。这是因为你从小就记住了一条信息（即变量），该信息叫做“我的年龄”，它是一个数字，表示从出生到现在所经历的年数。变量是可以变化的数值，正如变量名所暗示的那样，你的年龄会在生日那天被更新，然而这个数值依旧是你的年龄。

在电子游戏中，有大量的信息需要使用变量保存起来，如角色的生命值、经验值、移动速度和剩余生命点数等等。

舞台中的脚本

舞台上也可以放置脚本哦！但是这么做的意义是什么呢？通常在遇到如下两种情况时需要这么做：第一，舞台要从一个背景切换到另一个背景；第二，给予的命令是针对整个游戏而非某个角色。例如在本游戏中，舞台应当管理这两个变量，属于第二种情形。

点击绿旗后游戏开始，变量“score”和“lost”必须设置为0。脚本使用“数据”类别中的“将变量设定为”积木把相应的变量设置为某个固定的数值。

最后，游戏还要确定初始背景，所以脚本末尾添加了“将背景切换为”积木。

你知道吗？

初始化

变量不会重置自己的数值，因此若不重置，那么开始新游戏的玩家就会发现当前分数是上一局游戏结束时的分数！
为了避免该问题，程序员要牢记初始化每一个变量，即在游戏开始前给这些变量赋予合理的数值。

碰撞检测

下面我们让分数系统中的两个变量运行起来。

每当Milo接住一个掉落物，第一段“如果...那么”就会让变量“score”增加1分；如果掉落物砸到了地面，第二段“如果...那么”就会让变量“lost”增加1分。

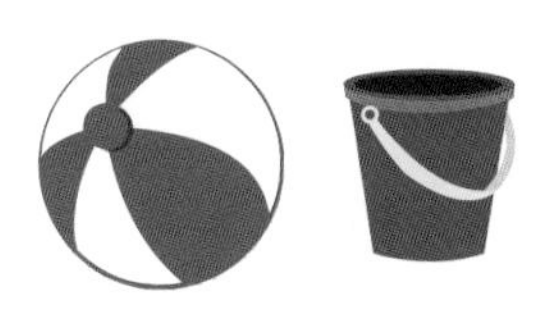

上图就是构建两块“如果...那么”积木的方法。你应该注意到了，积木“将变量增加...”的空位中填写的都是数字。在本例中，只要Milo和掉落物发生碰撞，变量“score”就会增加1分。

每当掉落物接触到草地的颜色，变量“lost”也会增加1。

胜负判定

无论游戏胜利或失败，游戏总要在某个时刻结束！作为游戏设计者，我们要决定游戏何时结束。

构建两个“如果...那么”积木，分别处理可能出现的结果。

第一个处理游戏胜利的情形：
如果变量“score”的值“等于”5，
那么将背景切到名为“win”的背景。

第二个处理游戏失败的情形：
如果计数器变量“lost”到达了数值3，则认为玩家挑战失败，
背景还是当前的背景。

如果游戏的胜利和失败都是真实的事件该有多好！如果我们还能对事件进行命名该有多好！这样舞台上的角色就知道如何处理这两种情况了，例如角色消失、切换背景等。

但是如何实现呢？非常简单："广播"一条"消息"，通知舞台和全体角色即将发生一个事件。当舞台和角色接收到这条消息时，它们就可以执行相应的行为。

消息

舞台和角色使用消息进行通信。消息由"广播"积木发出，它能够启动"当接收到"积木下方的脚本。这两块积木都在"事件"类别中。

为了发送一条消息，首先打开"广播"积木的下拉菜单选择"新消息"。你可以先运行它再为其命名，不过最好能设置一个有意义的消息名。不用担心消息名是否规范，因为玩家是看不到它的，消息名仅用于管理游戏内部的事件。

正如之前所说，消息会被发送出去，Milo接收到后执行相应的动作。

拖拽两块“当接收到”积木，分别选择游戏可能发出的两条消息：“win”和“game over”。
它们做的第一件事情都是让Milo“停止”本角色的“其他脚本”。此时玩家将无法通过方向键控制其左右移动。
然后两段脚本分别将Milo移动到舞台的特殊位置上，最后分别说不同的短语。

使用相同的方法让掉落物接收到这两条消息，并将其隐藏。

完整的脚本

```
当 [绿旗] 被点击
移到 x: 0 y: -125
重复执行
  如果 <按键 右移键 是否按下?> 那么
    面向 90 方向
    移动 10 步
  如果 <按键 左移键 是否按下?> 那么
    面向 -90 方向
    移动 10 步
  碰到边缘就反弹
```

```
当接收到 win
停止 角色的其他脚本
移到 x: 0 y: -76
说 游戏胜利! 2 秒
```

```
当接收到 game over
停止 角色的其他脚本
移到 x: 81 y: -47
说 再试一次! 2 秒
```

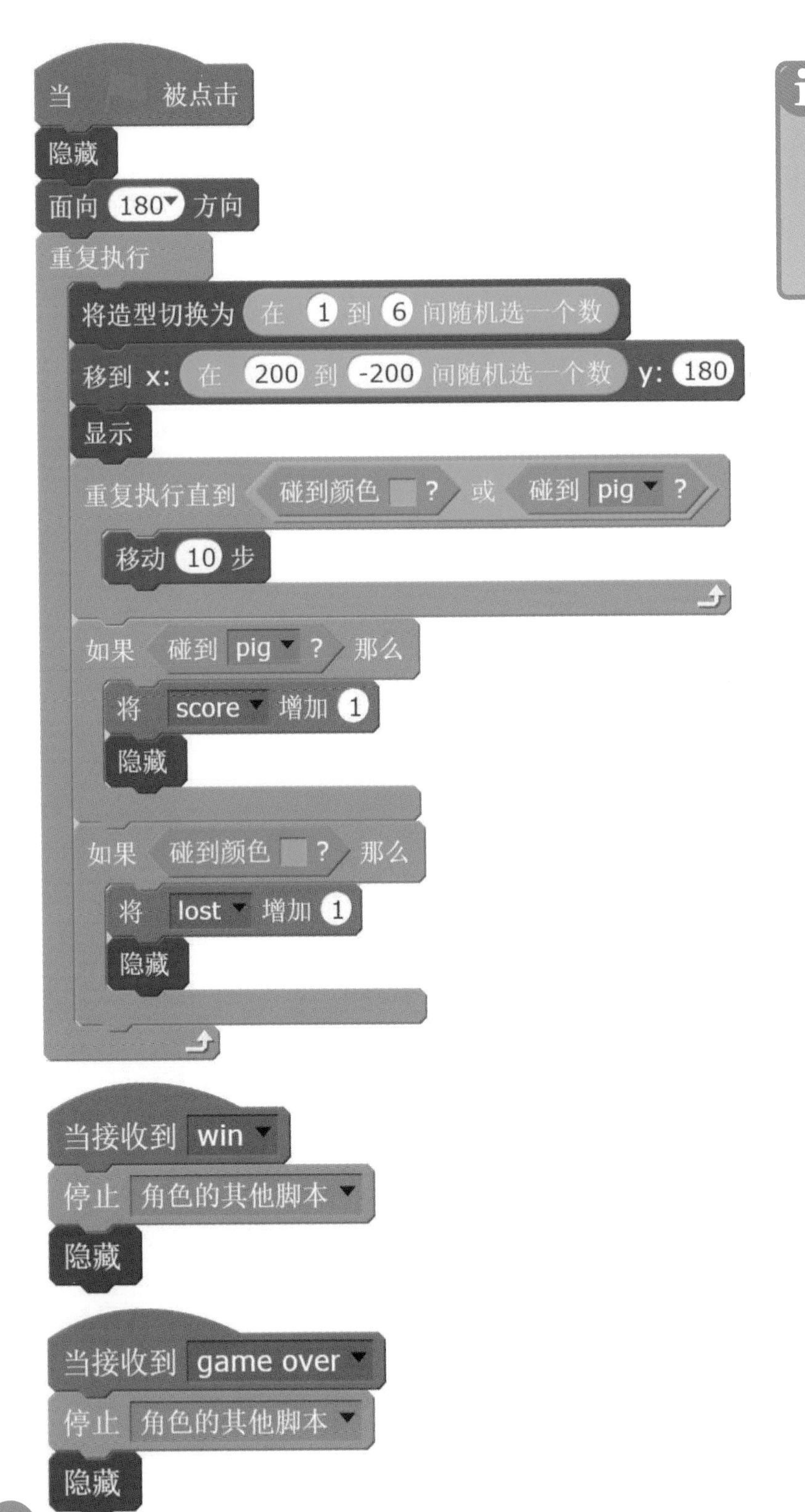

当 被点击
隐藏
面向 180 方向
重复执行
将造型切换为 在 1 到 6 间随机选一个数
移到 x: 在 200 到 -200 间随机选一个数 y: 180
显示
重复执行直到 碰到颜色 ? 或 碰到 pig ?
移动 10 步
如果 碰到 pig ? 那么
将 score 增加 1
隐藏
如果 碰到颜色 ? 那么
将 lost 增加 1
隐藏
当接收到 win
停止 角色的其他脚本
隐藏
当接收到 game over
停止 角色的其他脚本
隐藏

当 被点击
将 score 设定为 0
将 lost 设定为 0
将背景切换为 park
重复执行
如果 score = 5 那么
将背景切换为 beach
广播 win
如果 lost = 3 那么
将背景切换为 park
广播 game over

挑 战

MILO有话说！

在程序开始前，玩家对游戏的操作和规则一无所知。
让Milo向玩家解释一下吧！

在Milo介绍完之后，
尝试当玩家按下空格时游戏开始。

提示：
不要忘记消息哦！

难 度

疯狂的雨伞

如果在雨天中你的雨伞飞来飞去，你是否觉得这是个很疯狂的问题呢？

游戏规则

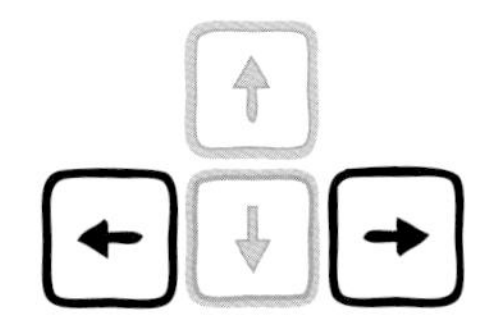

使用左右方向键移动角色，尽量让其保持在雨伞下方。

坚持60秒，只要未被淋得湿透则游戏胜利。

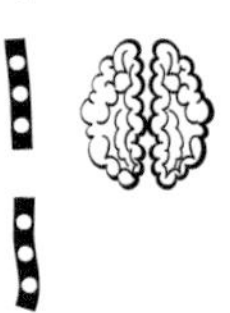

你将学到的内容：

- 学习创建、管理、删除克隆体的方法

游戏素材

角色

背景

简单还是困难?

作为游戏的创作者，我们应当平衡游戏的难度水平。

如果游戏太简单，玩家很快就会感到无聊。

但是如果太难，玩家可能会受挫，游戏也不再有趣。

实践中有一种简单的方法：随着游戏时间的推移，让难度越来越高即可。这样玩家就能逐步学习到游戏规则，变得越来越熟练，从而不会感到无聊。

移动角色

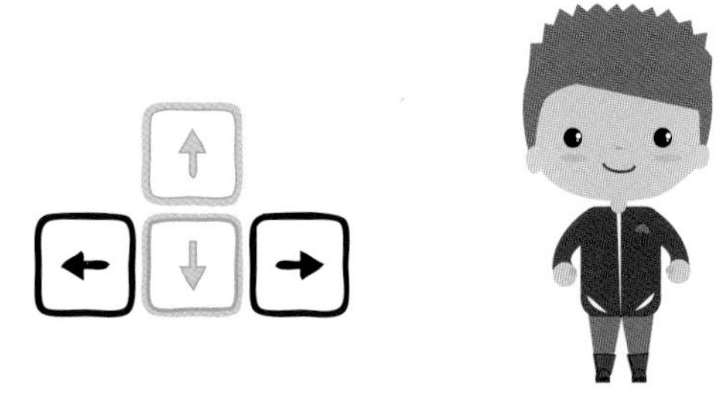

游戏开始时主角总是先移动到某处，然后通过左右方向键控制其移动。

这段脚本很简单，参见第4个项目中让Milo移动的脚本吧！

角色的生命值

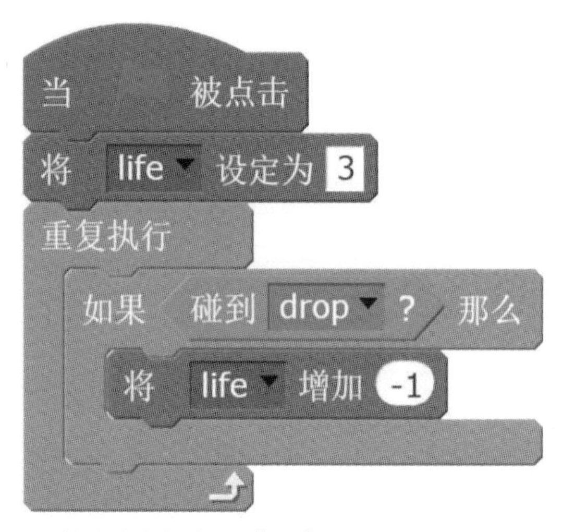

游戏开始时角色有3点生命值，只要碰到雨滴就扣除1点生命值。

首先建立新变量“life”。

如果忘记了创建变量的方法，重新查看上个项目中的相关内容哦！

使用积木块“将life设定为”设置角色的初始生命值，它暗示了角色最多失误次数。

再拖拽一块“如果...那么”积木，构建如下脚本：
“如果”角色“碰到了”雨滴角色“drop”，
“那么”“将变量life”的值“增加-1”，即减去1。

移动雨伞

雨伞以不可预期的方式随机移动，但总是水平向左或向右移动。

游戏开始时，雨伞移动到初始位置并显示出来。坐标X:0 ，Y:-50是比屏幕中心稍低一点的位置。

如果想复习X和Y坐标的概念，参见第2个项目吧！

“显示”之后雨伞重复执行其关键任务：“等待”随机秒数，然后向左或向右移动（X坐标的随机范围是-200到200），Y坐标数值不变。

克隆

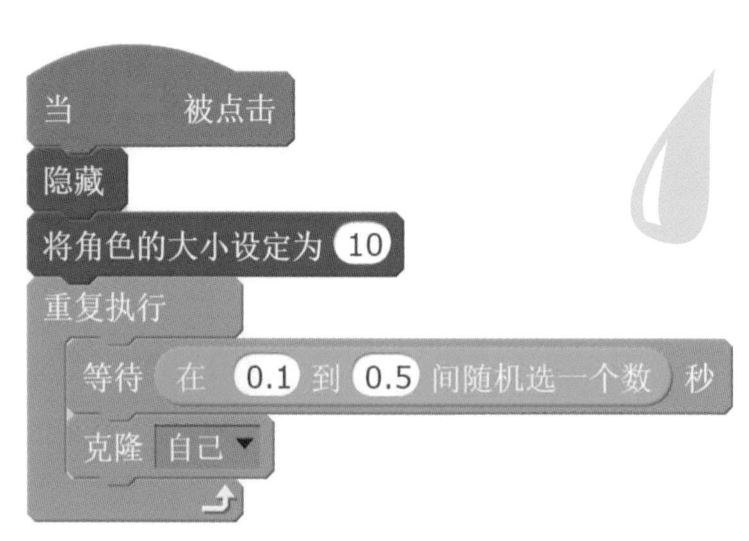

你能数清楚雨天滴了多少滴雨吗？同理，我们也不可能为每个雨滴建立一个新的角色！

因此我们将仅仅使用一个角色，并用特殊的命令复制该角色，让雨滴更加真实。

雨滴角色首先隐藏自己。事实上，在本游戏中它自身永远不会显示出来，只有它的克隆体才会显示。

然后添加“将角色的大小设定为”，将默认的数字100修改为10。这样克隆体的大小就比原角色小了许多，更像小雨点了。

准备克隆吧！在“重复执行”循环中插入命令“克隆自己”。
如果循环中只有这一块积木，那么必定要下一场倾盆大雨了。

为了让雨水小一点，在创建克隆体前随机“等待”0.1到0.5秒。

移动克隆体

```
当作为克隆体启动时
移到 x: (在 (-240) 到 (240) 间随机选一个数) y: (175)
显示
重复执行
    在 (3) 秒内滑行到 x: (x 坐标) y: (-180)
```

创建克隆体后，程序要让它从天空中落下。

使用“控制”类别中的“当作为克隆体启动时”积木，设置每个克隆体的行为。

每当克隆体启动时，它就要随机移动到最高处并显示出来。还记得如何实现吗？我们已经在上个项目中讲解过了哦！

之后雨滴“重复执行”向下滑动，其中Y坐标是-180，X坐标保持不变，从而竖直下落。

克隆体

Scratch提供了3块管理克隆体（即复制出来的角色）的积木：

1. 克隆：该积木创建已选角色的克隆体，绝大部分情况下都选择“自己”。
2. 当作为克隆体启动时：该积木是事件型积木，用于控制克隆体创建之后的流程。
3. 删除本克隆体：删除没有必要存在的克隆体是很重要的，因为Scratch最多只能创建约300个克隆体。一旦数量超过限额，Scratch将无法继续创建，这主要是为了避免程序运行过于迟缓。

克隆体的终结

使用克隆体时要及时删除不需要的克隆体，以免创造出一堆没用的克隆体。

下面实现当雨滴碰到角色、落到地上或雨伞上消失的效果吧！

拖拽两块“或”运算符，将其按照如下方式卡合在一起。如果操作无误，那么现在就有3个空位。

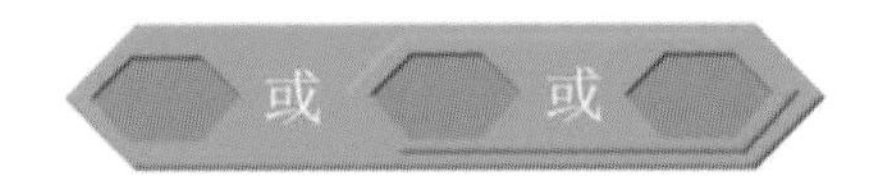

将这块积木插入到“如果...那么”中，再将“碰到”分别插入到这块积木内，角色名分别选取舞台上其他3个角色的角色名。最终的效果是，只要碰到3个角色中的任意角色，克隆体都会被删除。但在此之前需要等待0.01秒，否则游戏人物将没有足够多的时间发现自己碰到了雨滴，变量“life”也不会减少。

记得要把“如果...那么”放入“重复执行”积木内。与绿旗启动的思想一样，克隆体也要检测自己是否碰到了其他角色，因此将整段脚本放在“当作为克隆体启动时”之后。

判定胜负

谁来检查玩家的胜负呢？我们需要一个裁判，这个重要的人物持续关注着游戏的状态。与之前项目的分析类似，舞台更适合做这件事情。在本游戏中，坚持60秒就算胜利！

玩家点击绿旗后，脚本首先使用积木“将背景切换为”设置背景。之后脚本使用“计时器”积木判断时间是否超过60秒。

“如果”坚持到60秒时还有生命值，“那么”舞台将会广播消息“win”。
另一方面，“如果”生命值减到0，舞台广播消息“game over”。

如果想复习消息的相关内容，参见上一个项目。

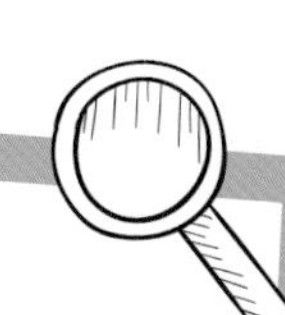

计时器

点击绿旗时，Scratch的计时器开始计时。
如何在屏幕上看到计时器呢？点击侦测类别，选中“计时器”前面的复选框即可。
若要在游戏中检测计时器的值，务必使用>和<，而非=运算符。因为时间的变化非常快，程序很难检测出像计时器刚好等于60秒这样精准无误的时刻，但它很容易检测出第一次超过60秒的时刻，即使是超过千分之一秒也能检测出来。

胜利和失败

无论胜利还是失败，游戏结束前都要停止下雨，雨伞也不再需要了。

拖拽两块“当接收到”积木，分别设置为胜利和失败的消息。
在两者下方分别放置“隐藏”积木和“停止”积木，下拉菜单中选择“角色的其他脚本”。

不要忘记给雨滴和雨伞角色添加如上脚本哦！

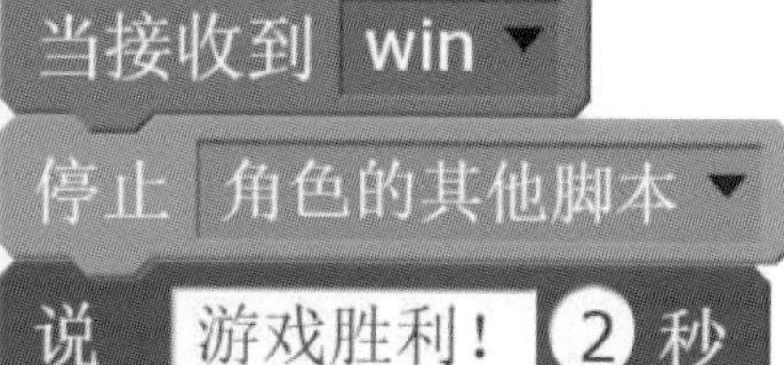

让主角根据胜负情况说不同的话。

当接收到 game over
停止 角色的其他脚本
说 游戏结束 2 秒

与上一个项目类似，首先在“当接收到win”和“game over”下方添加“停止角色的其他脚本”。

然后分别插入一块“说...秒”积木，让角色在事件结束前说出想说的话！

非数值变量

正如之前讲解变量所说，它是计算机用于记录的一段信息，并在游戏运行时发生改变，就像分数和生命值变量一样。然而并非所有变量都记录数值信息！

例如，在“说”积木中填写的内容（包括空格）是一种称为“字符串”的特殊类型的变量。当你在积木中填写了字符串后，计算机会接收该积木的命令并在话框中显示字符串。

完整的脚本

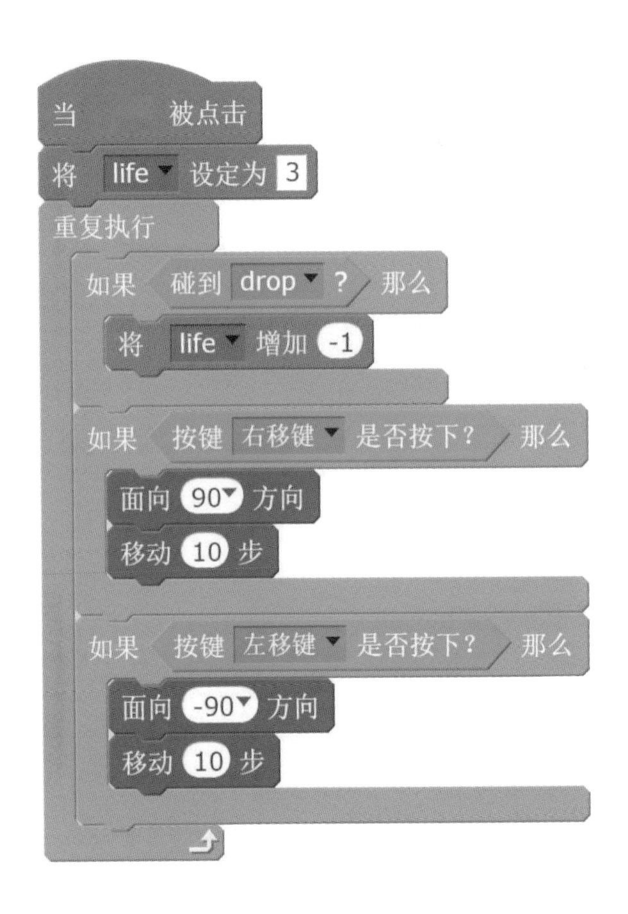

当接收到 game over
停止 角色的其他脚本
说 游戏结束 2 秒

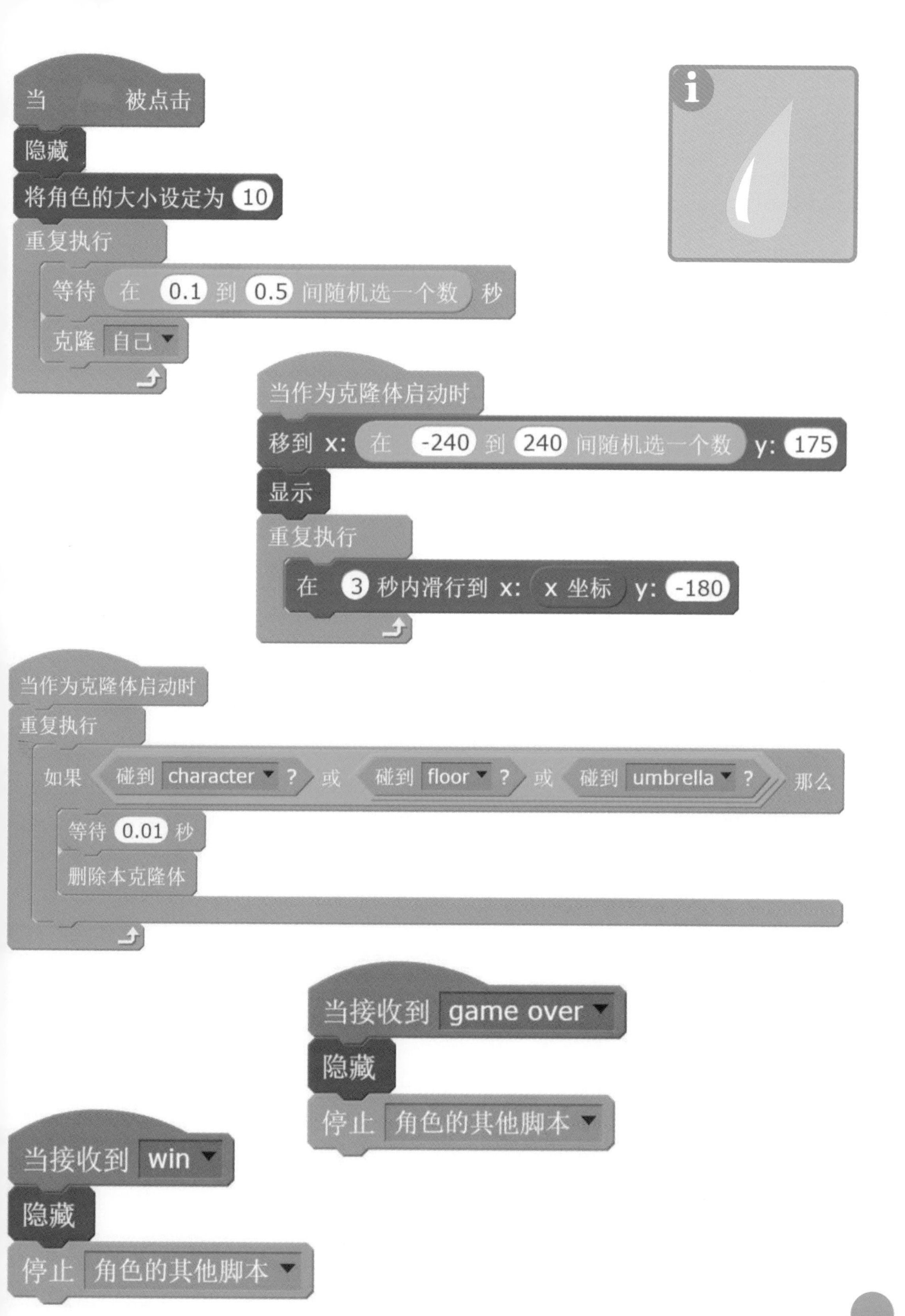
当 被点击
隐藏
将角色的大小设定为 10
重复执行
等待 在 0.1 到 0.5 间随机选一个数 秒
克隆 自己
i
当作为克隆体启动时
移到 x: 在 -240 到 240 间随机选一个数 y: 175
显示
重复执行
在 3 秒内滑行到 x: x 坐标 y: -180
当作为克隆体启动时
重复执行
如果 碰到 character ? 或 碰到 floor ? 或 碰到 umbrella ? 那么
等待 0.01 秒
删除本克隆体
当接收到 game over
隐藏
停止 角色的其他脚本
当接收到 win
隐藏
停止 角色的其他脚本

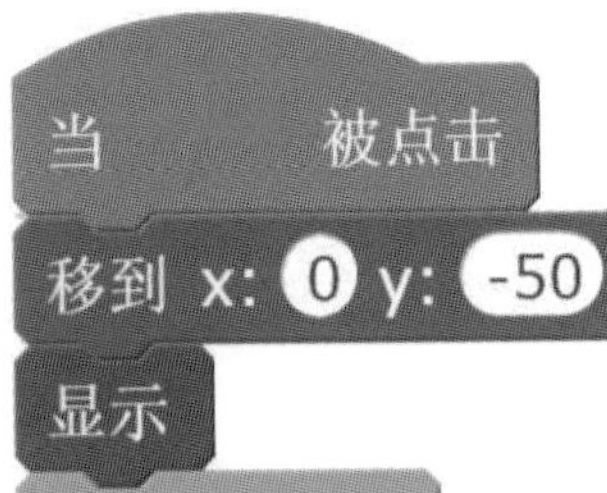

重复执行

等待 在 1 到 5 间随机选一个数 秒

在 2 秒内滑行到 x: 在 -200 到 200 间随机选一个数 y: -50

当接收到 win

隐藏

停止 角色的其他脚本

当接收到 game over

隐藏

停止 角色的其他脚本

当接收到 win
将背景切换为 stage 2
停止 舞台上的其他脚本

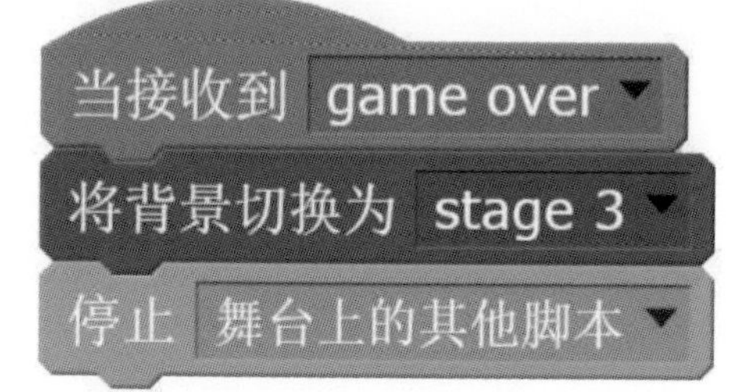

挑 战

滂沱大雨！

时而细雨如丝，
时而狂风骤雨…

尝试在游戏时间过半后，
让雨点下得更猛烈。

提示：
使用计时器！

难度

凉拌水母

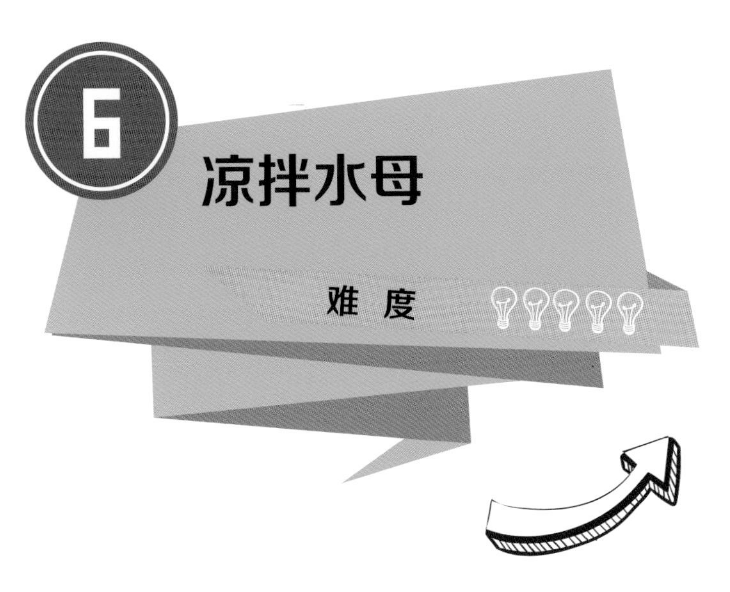

6 凉拌水母

难 度

小乌龟特别爱吃凉拌水母，快去海里抓取食材吧！

游戏规则

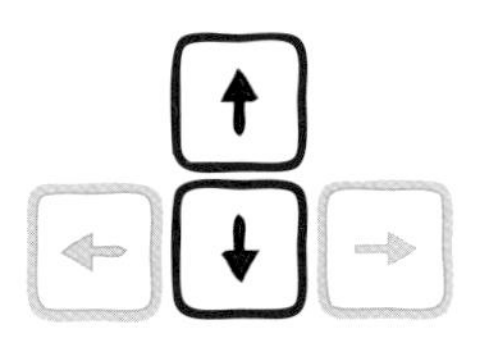

使用上下方向键移动小乌龟，抓取他需要的水母。注意：每轮游戏中不同颜色水母的组成比例各不相同！

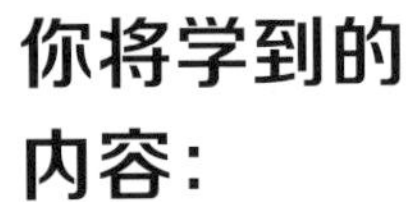

你将学到的内容：

- 编程实现屏幕水平滚动
- 让游戏目标富有变化，提升玩家体验

游戏素材

角色

背景

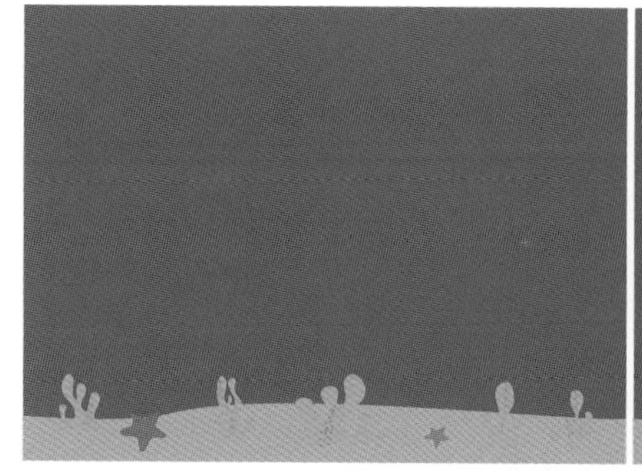

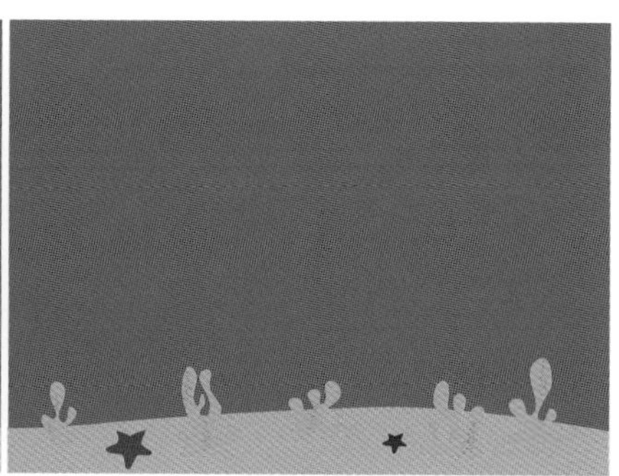

为什么要设定游戏目标?

一款好的游戏应当有让玩家再玩一次的冲动。

有很多方法能做到这一点，例如证明玩家比其他玩家优秀，引入有趣的故事情节，逐步增加游戏的难度，或见证角色一点点成长等。

有些开放式的沙盒游戏没有胜利或失败的最终结局，但你总会以全新的方式发现或改变游戏世界。

屏幕滚动

在本游戏中，为了实现小乌龟向右移动的虚拟效果，我们让背景向左移动，这就是屏幕滚动。但是背景明明不能移动啊！怎么办呢？这里有一个小技巧，把背景放到两个角色中，然后在游戏运行期间重复地移动这两个角色即可。

游戏开始时，第一个角色与舞台完全重合，它的右侧就是第二个角色。

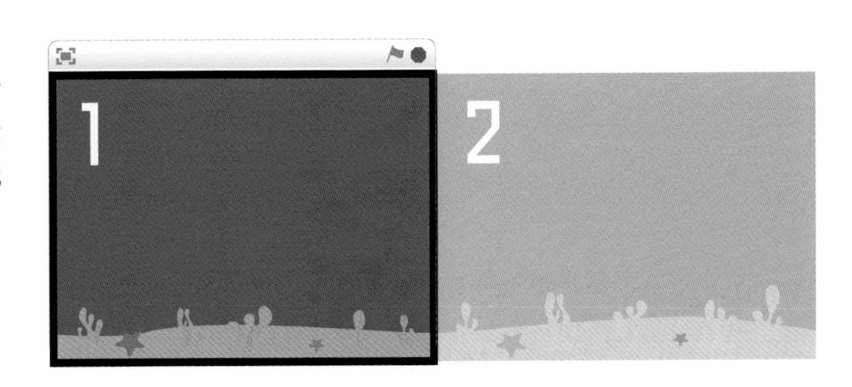

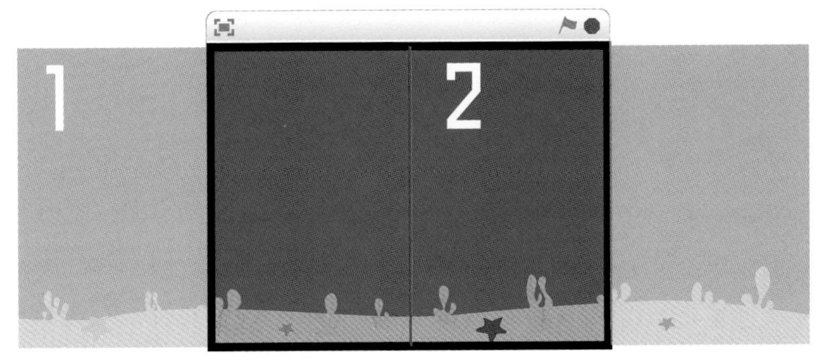

当按下空格键时，两个角色以相同的速度向左移动。

只要某个角色完全离开舞台，程序会立刻将其定位到右边缘并继续向左滑行。

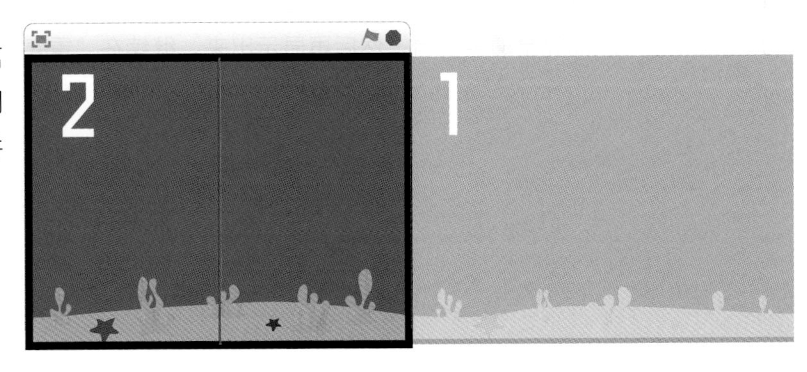

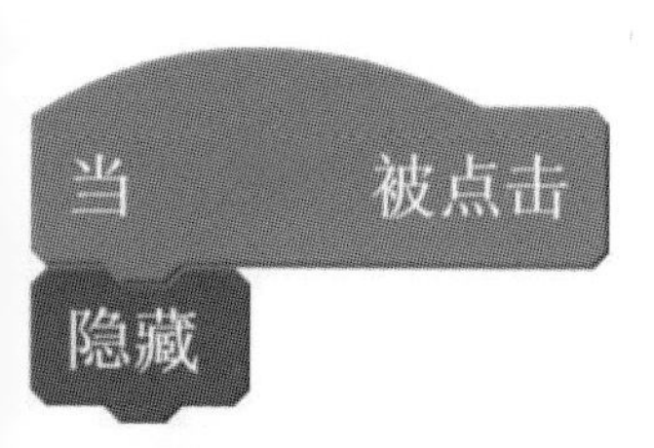

本游戏通过按下空格键启动，因此第一个模拟背景的角色仅当空格键按下时才显示出来，并向左移动。

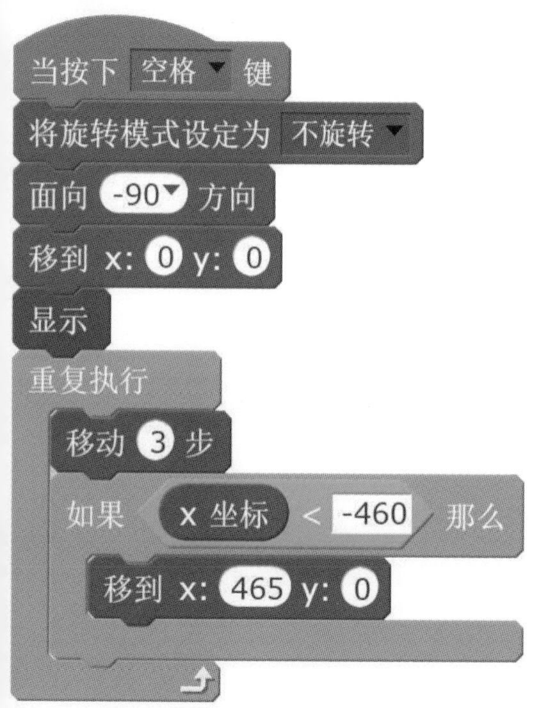

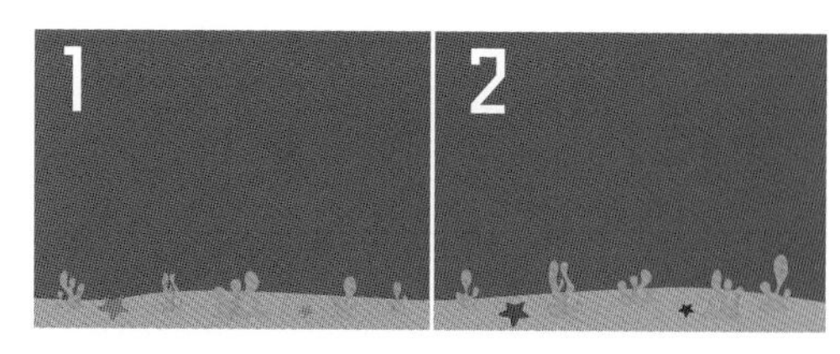

第二个背景角色拥有几乎相同的脚本，除了起点位置不同：
第一个背景角色是X:0 Y:0；第二个是X:465 Y:0。

移到 x: 465 y: 0

当点击绿旗时，游戏主角会介绍游戏规则，所以不相关的角色都需要“隐藏”。

一旦按下空格键，背景角色就开始向左移动（注意脚本禁止角色旋转）。脚本首先将其定位到舞台中心点X:0，Y:0从而完全覆盖舞台，然后再显示出来。继续在“重复执行”中插入“移动3步”，此时背景缓缓向左移动。

除了移动外，背景角色还要使用“如果...那么”来判断自己是否到达了屏幕左边缘，即是否到达了X:-460。此时背景角色将自己重新移动到屏幕右边缘，即X坐标等于465。

如果脚本正确，现在第二个角色就会到达舞台中央。此后两个角色重复交替地向左移动并重定位到右边缘。

移动水母

游戏主角小乌龟想要吃被流水带来的水母。

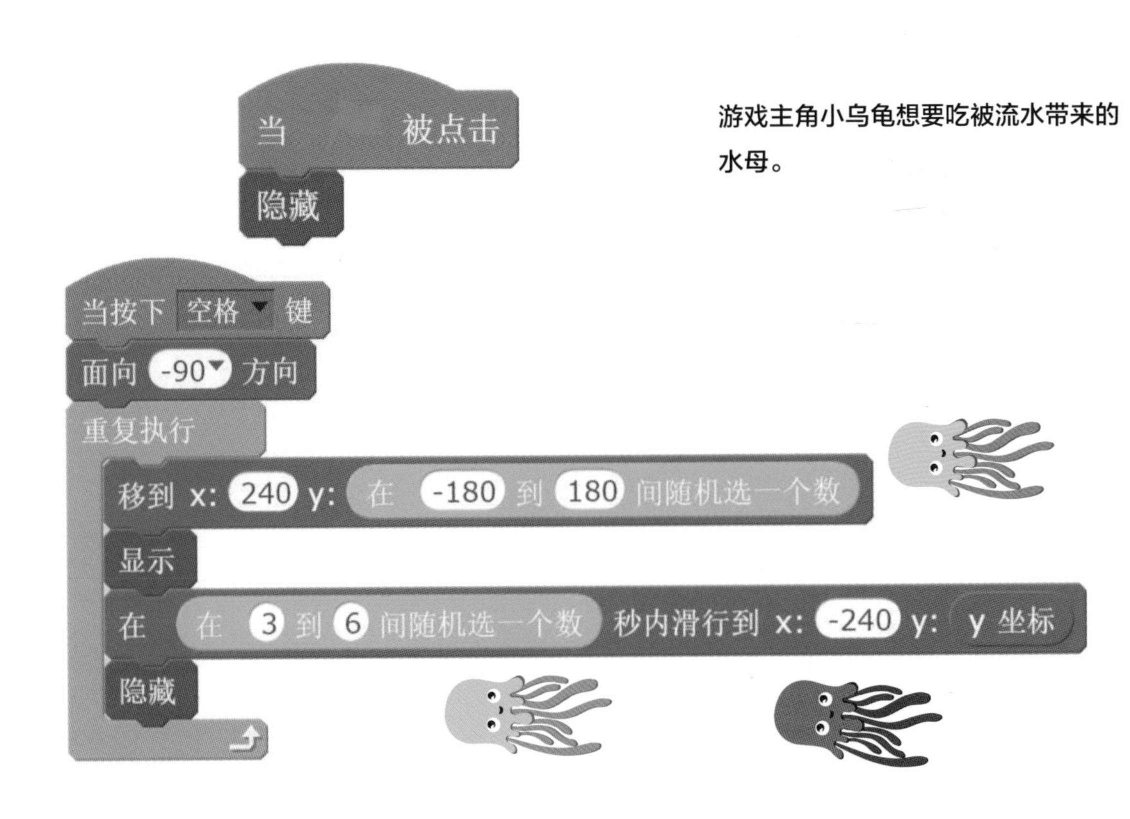

以上脚本适用于所有水母角色。

首先把角色的旋转模式修改为左右翻转，我们在第二个项目中就说过，该模式下角色不会倾倒。

水母角色和本游戏中其他角色类似，它会一直隐藏直到按下了空格键。

按下空格键后，他们将旋转到左方并随机出现在舞台右边缘，然后徐徐向左滑行直到被水流带到舞台左边缘。目前，水母们要先隐藏起来。

其实我们已经编写过类似的移动脚本了，还记得吗？看看“沙滩冒险”吧！

为了让水母们的运动速度各不相同，脚本在“滑行”积木中使用了随机数。

水母食谱

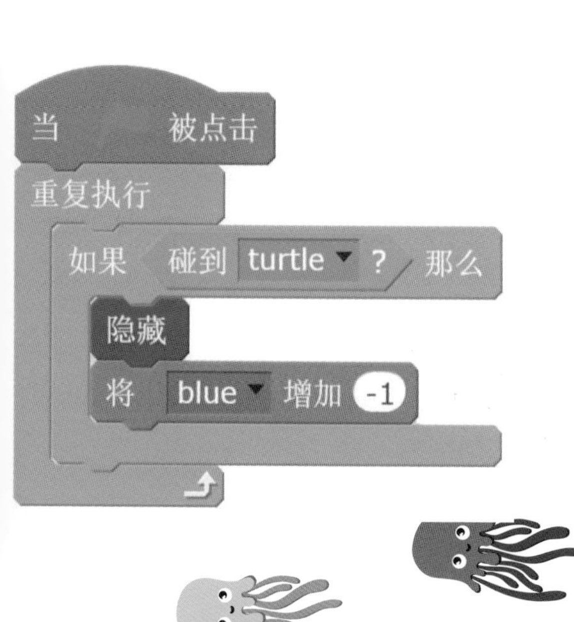

游戏胜利的标准是吃掉特定颜色和数量的水母，因此游戏要记录数量变化。

为每一只水母角色创建一个变量，根据水母的颜色确定变量名，以免混淆。
变量是“适用于所有角色”的。
给每只水母创建如上脚本，让它们测试是否碰到了小乌龟，如果发生碰撞则隐藏并将变量减1。

确保每只水母仅改变自己的计数器变量，而不是其他水母的变量。换言之，蓝色的水母只改变“blue”变量，黄色的水母只改变“yellow”变量，红色的水母只改变“red”变量。

混合配料

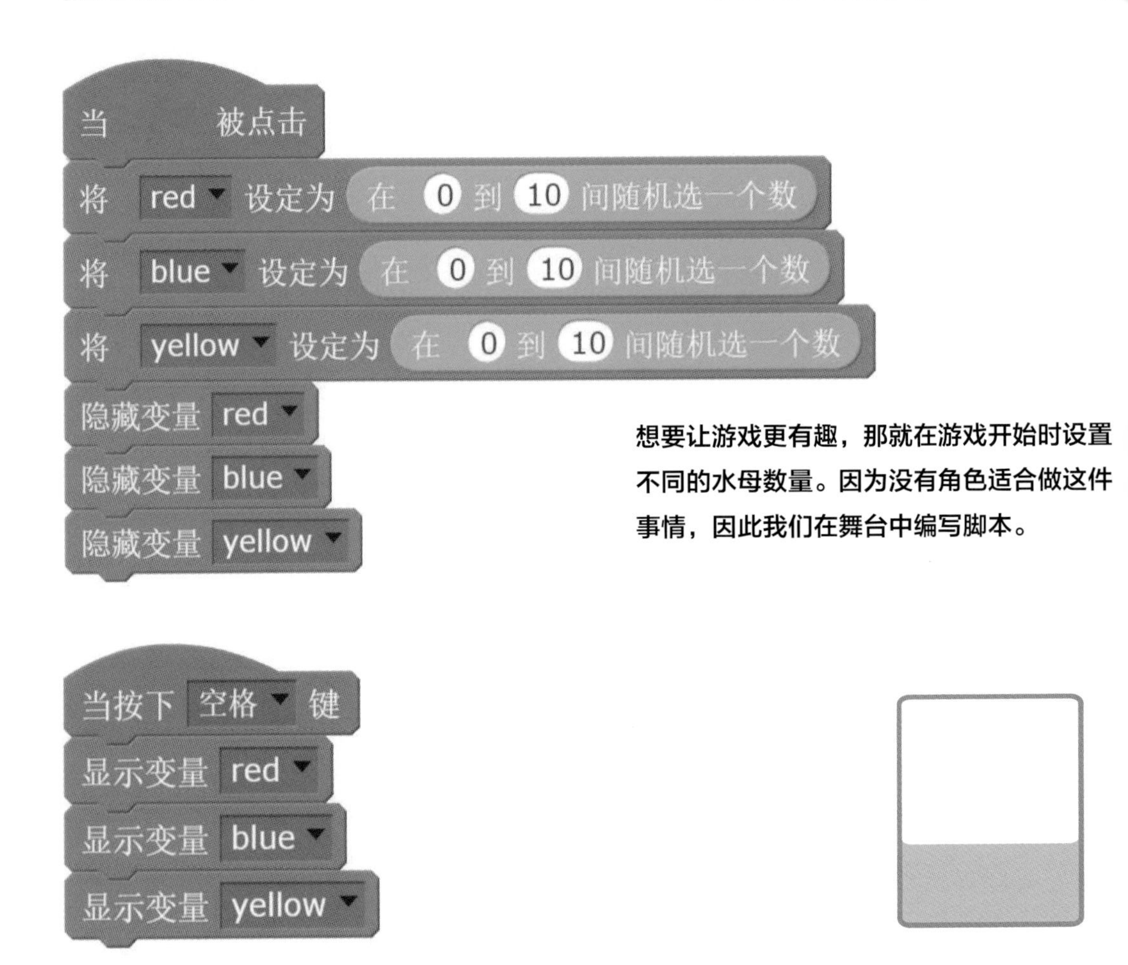

想要让游戏更有趣，那就在游戏开始时设置不同的水母数量。因为没有角色适合做这件事情，因此我们在舞台中编写脚本。

当点击绿旗时，三个变量立刻隐藏。当按下空格键时，三个变量立刻显示。但是在隐藏之前它们要知道自己的初始值！为每只水母的计数器变量插入积木“在0到10间随机选一个数”。

胜利和失败

继续在舞台的脚本区编写脚本，实现游戏胜负判定。

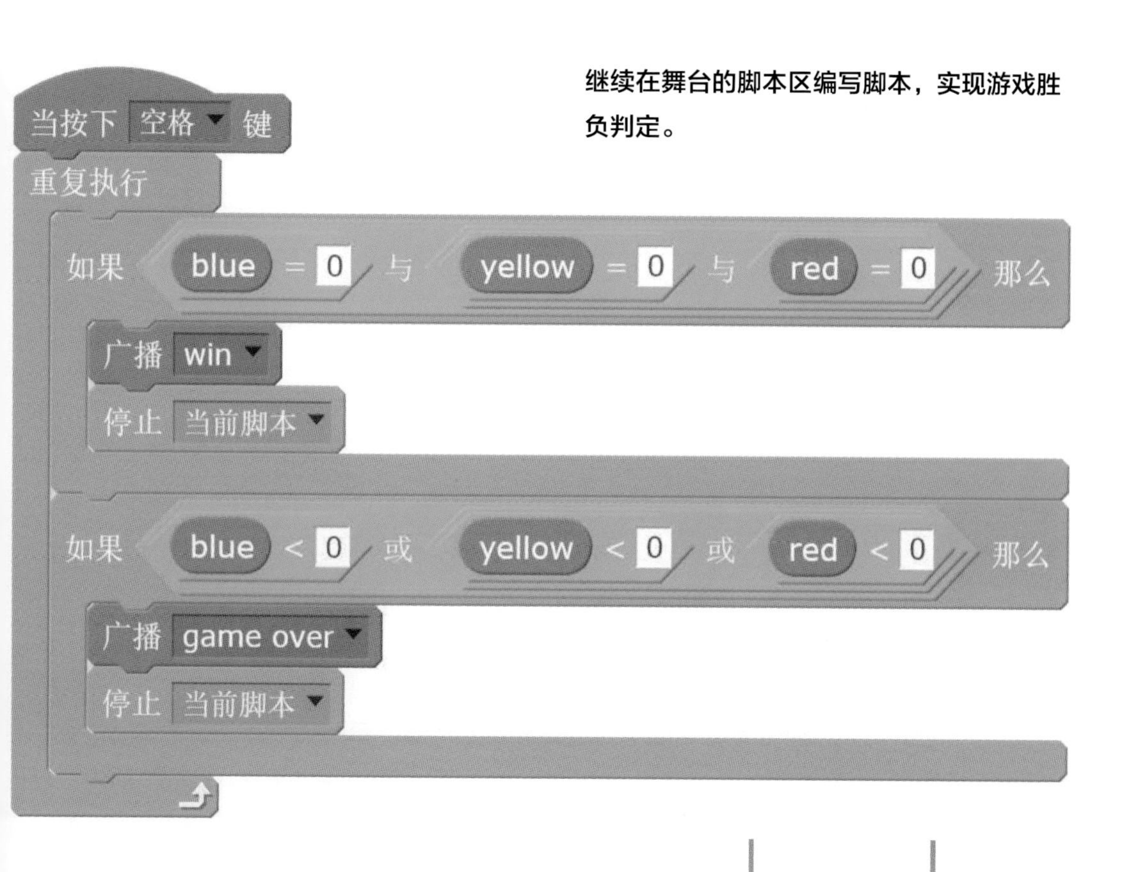

以上脚本定义了游戏胜利和失败的条件规则。

舞台将在所有计数器减到0时广播消息“win”。

然后，只要有任意计数器小于0，则说明小乌龟吃掉的水母数量超过了食谱需要的数量，因此游戏结束并广播消息“game over”。

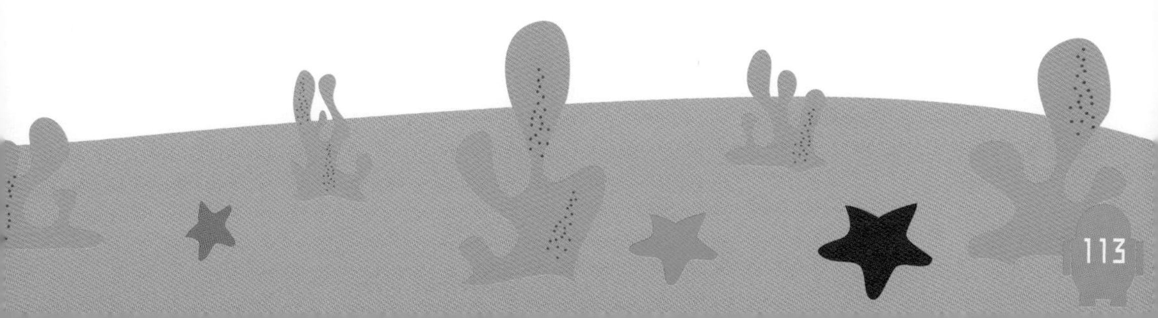

大口吃起来!

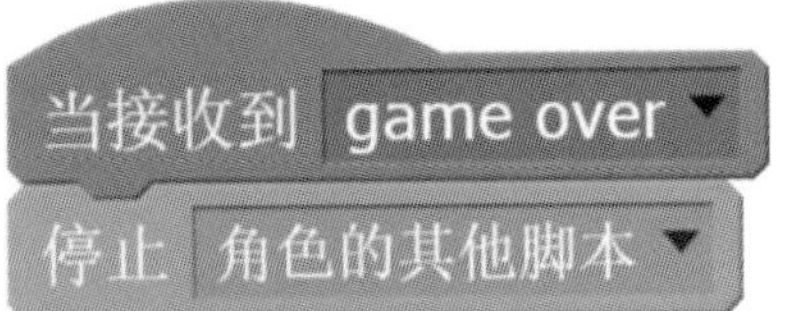

当接收到游戏结束的消息时，几乎所有角色都要停止执行自己的脚本。

当接收到 win
停止 角色的其他脚本

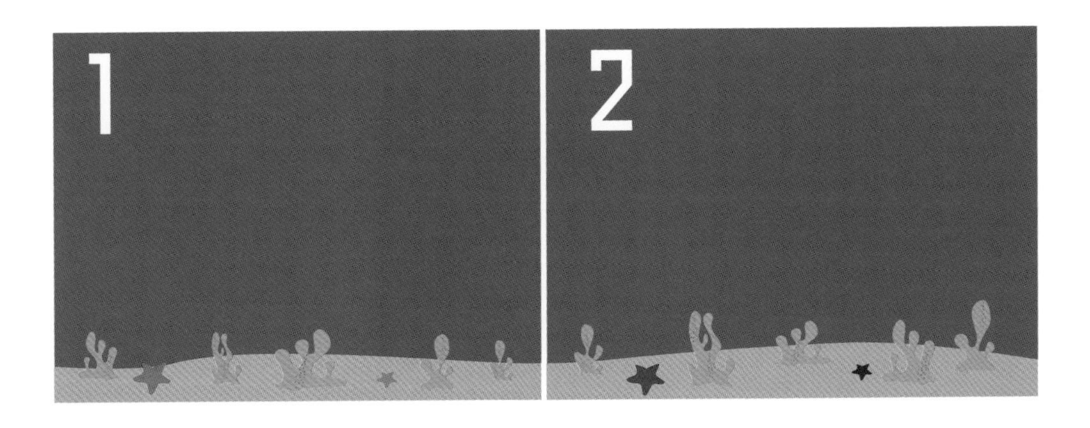

小乌龟、水母和两个背景角色都要在游戏结束时停止自己的脚本。这样所有的角色都会静止，不再移动。

游戏介绍

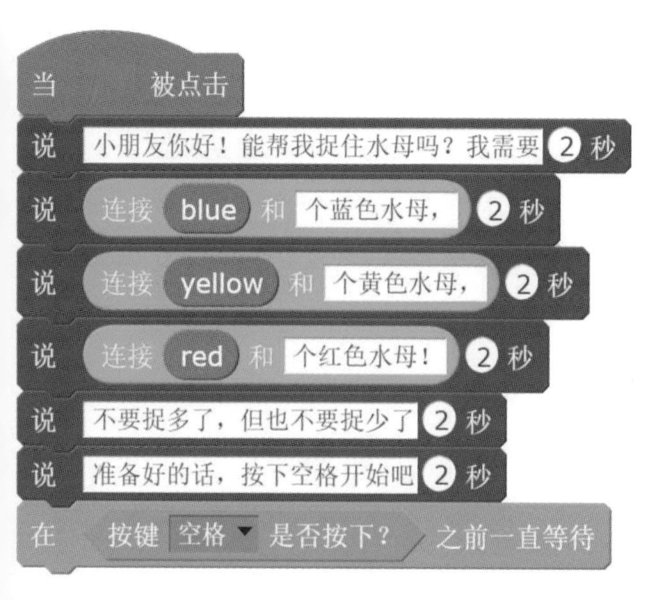

终于轮到我们的主角登场了！当舞台上其他角色都隐藏时，小乌龟介绍游戏的规则。介绍结束后只要按下空格键，玩家就能使用上下方向键控制它了。没有必要设置左右移动，因为背景会朝左侧移动！

当点击绿旗时，小乌龟会告诉你自己需要抓住多少只不同颜色的水母，然后他会一直等待空格键被按下。因为在之前的脚本中已将变量“blue”“yellow”和“red”设置为0到10的随机数，所以脚本在“说”积木中，插入了需要水母数量的变量。如果想把一个空位扩展为两个，添加一块“连接”积木，就像图中脚本中那样。

请你自行尝试小乌龟的其他脚本吧！ 相信你已经知道如何编写方向键移动角色的脚本，也应该知道使用积木“当按下空格”作为启动事件，还应该知道把角色定位到屏幕左侧X:-160 ，Y:0以及面向右侧的方法。

大功告成

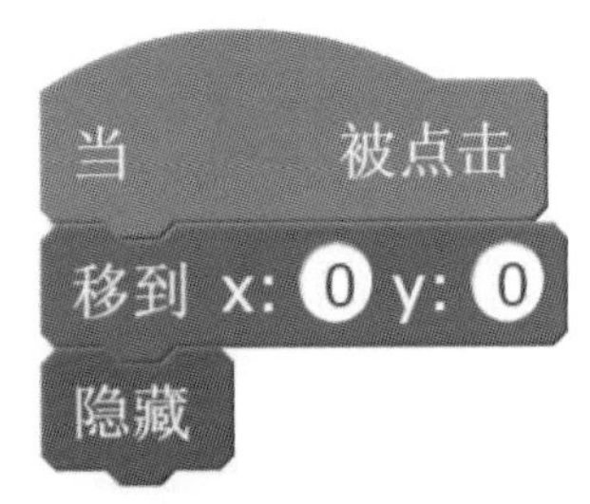

新建角色并添加两个造型，分别写上用于标识玩家胜利或失败的信息。

当接收到 win
将造型切换为 win
显示

游戏开始时，把它放置在舞台的正中央。

接收到不同的消息，切换相应的造型。

如果游戏胜利，那么“YOU WIN!”出现在舞台上；如果游戏失败，则出现“GAME OVER”。

我们学到的内容包括：

- 创建一个新的项目
- 编程实现随机运动
- 切换角色的造型

- 角色和真实世界的交互方法
- 让角色说话

- 更好的角色交互方式
- 编程实现随机移动

- 使用变量管理游戏的分数
- 通过消息创建新的事件

- 学习创建、管理、删除克隆体的方法

- 编程实现屏幕水平滚动
- 让游戏目标富有变化，提升玩家体验

完整的脚本

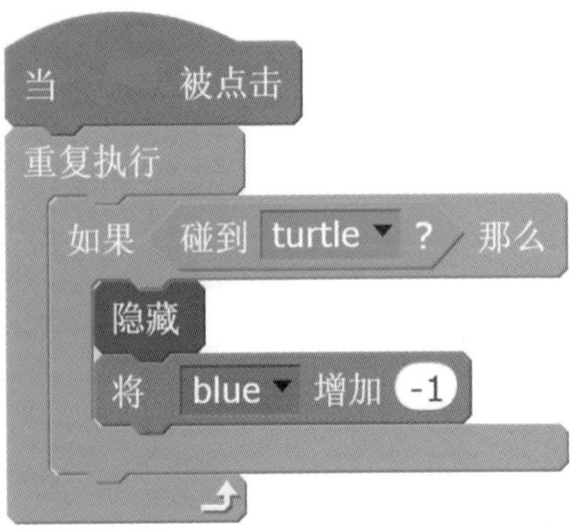

当接收到 win
停止 角色的其他脚本

```
当 被点击
说 小朋友你好！能帮我捉住水母吗？我需要 2 秒
说 连接 blue 和 个蓝色水母， 2 秒
说 连接 yellow 和 个黄色水母， 2 秒
说 连接 red 和 个红色水母！ 2 秒
说 不要捉多了，但也不要捉少了 2 秒
说 准备好的话，按下空格开始吧 2 秒
在 按键 空格 是否按下？ 之前一直等待
```

```
当按下 空格 键
移到 x: -160 y: 0
面向 -90 方向
重复执行
    如果 按键 上移键 是否按下？ 那么
        将y坐标增加 10
    如果 按键 下移键 是否按下？ 那么
        将y坐标增加 -10
```

```
当接收到 win
停止 角色的其他脚本
```

```
当接收到 game over
停止 角色的其他脚本
```

当 被点击
隐藏

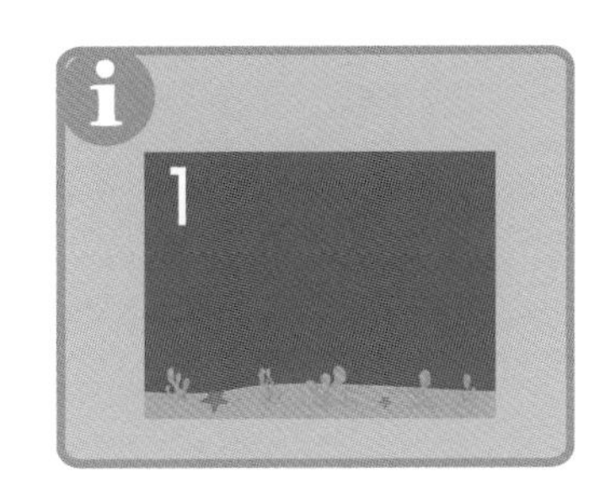

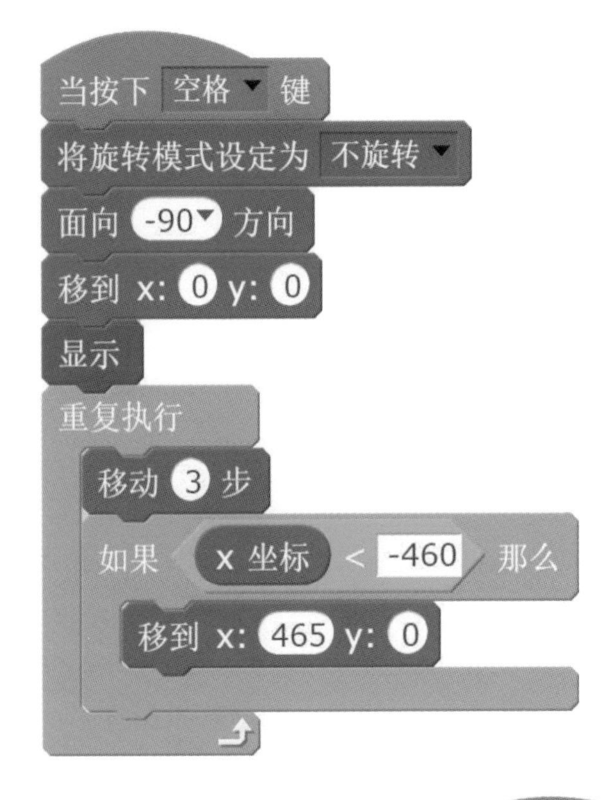

当接收到 game over
停止 角色的其他脚本

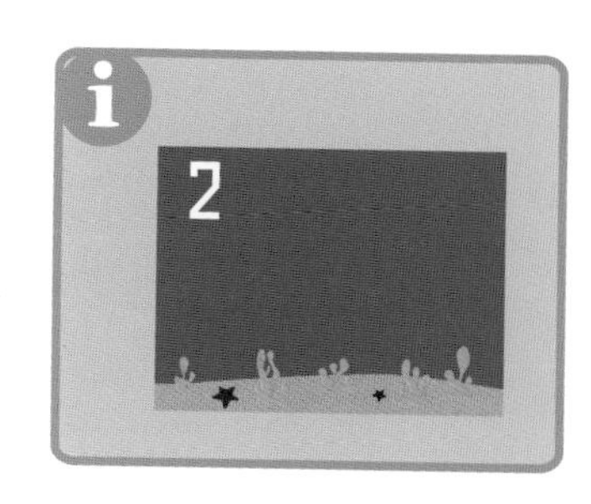


```
当按下 空格 键
将旋转模式设定为 不旋转
面向 -90 方向
移到 x: 465 y: 0
显示
重复执行
    移动 3 步
    如果 x 坐标 < -460 那么
        移到 x: 465 y: 0
```

```
当接收到 win
停止 角色的其他脚本
```

```
当接收到 game over
停止 角色的其他脚本
```

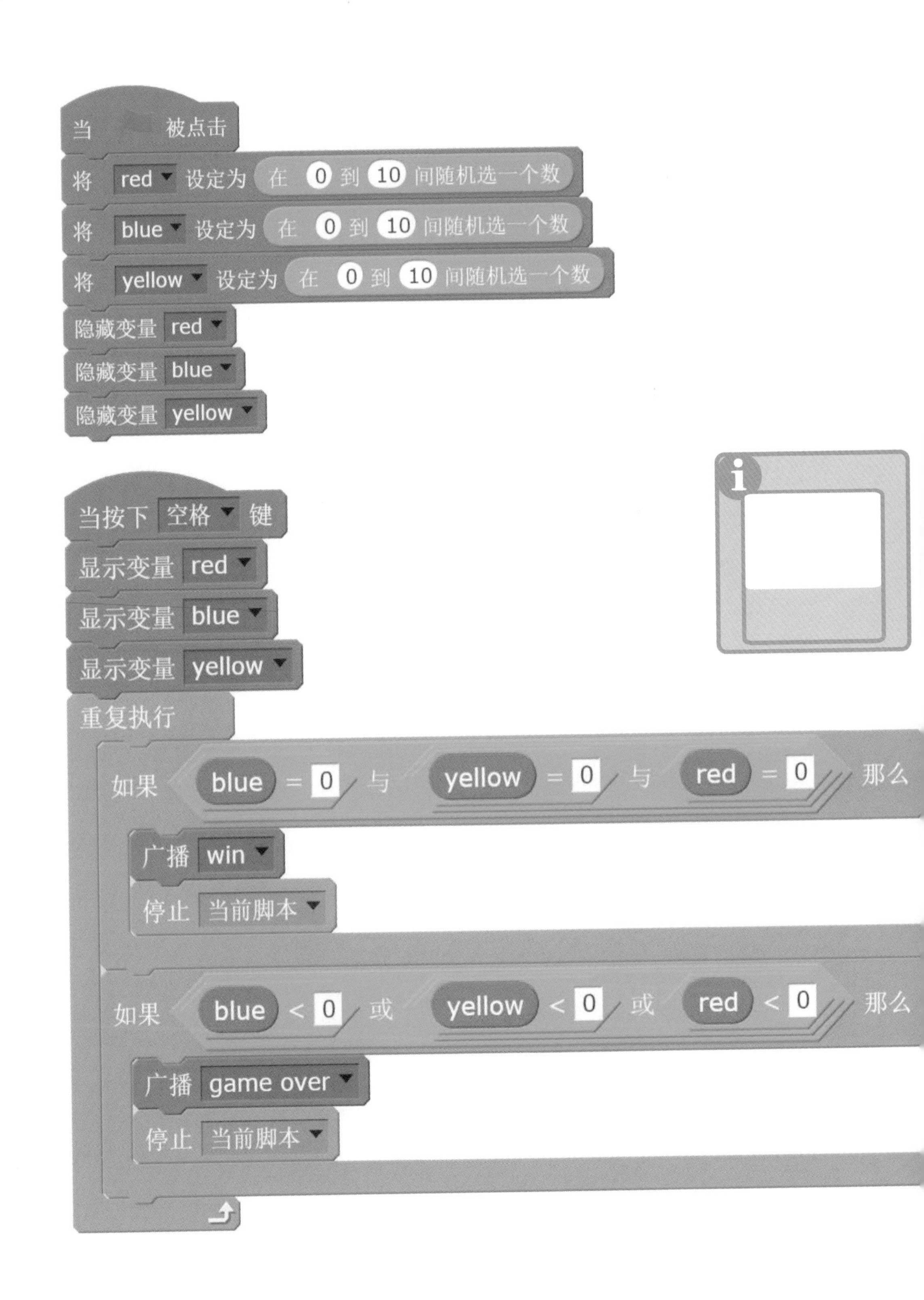
当 被点击
将 red 设定为 在 0 到 10 间随机选一个数
将 blue 设定为 在 0 到 10 间随机选一个数
将 yellow 设定为 在 0 到 10 间随机选一个数
隐藏变量 red
隐藏变量 blue
隐藏变量 yellow
当按下 空格 键
显示变量 red
显示变量 blue
显示变量 yellow
重复执行
如果 blue = 0 与 yellow = 0 与 red = 0 那么
广播 win
停止 当前脚本
如果 blue < 0 或 yellow < 0 或 red < 0 那么
广播 game over
停止 当前脚本
i

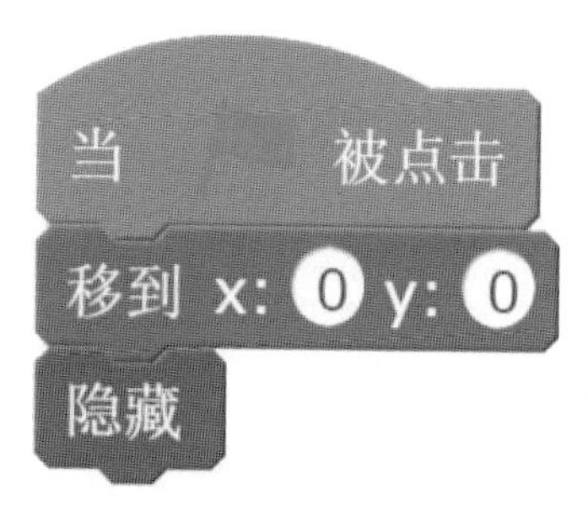
当 被点击
移到 x: 0 y: 0
隐藏

YOU
WIN!

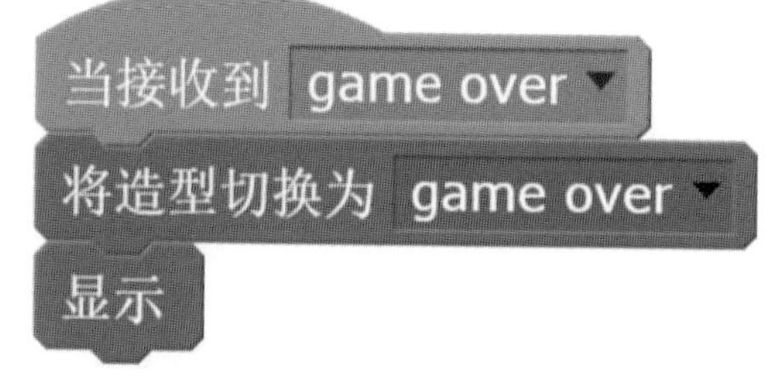
当接收到 game over
将造型切换为 game over
显示

GAME
OVER

当接收到 win
将造型切换为 win
显示

准备接受后面的挑战吧!

挑 战

小海龟很享受海蜇盛宴
然而这是因为没人打扰你……

添加敌人让游戏更加困难。
插入乌贼角色，让它突如其来地向左移动。

提示：
加油，
你现在已是专家了！

攻破挑战

设计你的赛道

点击新建背景区域的笔画图标，这时左侧出现了绘制背景所需要的各种工具。尝试用“油漆桶”填充整个背景，然后用“橡皮擦”擦出一条赛道。

或者使用矩形和线段工具创作复杂的迷宫赛道。

角色互换

首先互换宇宙飞船和外星人的脚本。这时你将使用四个方向键控制宇宙飞船，而Zeno却在屏幕上随机游动。
然后互换“如果碰到那么”，这样两个角色就被赋予了正确的行为。

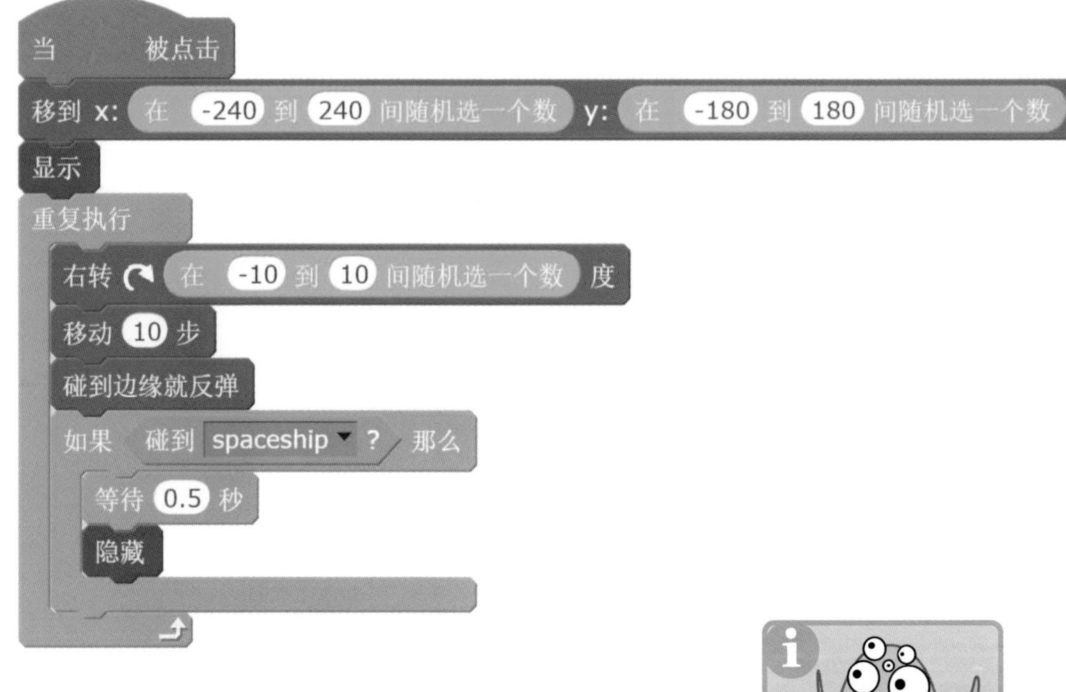

```
当 [绿旗] 被点击
移到 x: (在 (-240) 到 (240) 间随机选一个数) y: (在 (-180) 到 (180) 间随机选一个数)
显示
重复执行
    如果 <按键 [上移键] 是否按下?> 那么
        面向 (0) 方向
        移动 (10) 步
    如果 <按键 [下移键] 是否按下?> 那么
        面向 (180) 方向
        移动 (10) 步
    如果 <按键 [右移键] 是否按下?> 那么
        面向 (90) 方向
        移动 (10) 步
    如果 <按键 [左移键] 是否按下?> 那么
        面向 (-90) 方向
        移动 (10) 步
    如果 <碰到 [alien] ?> 那么
        等待 (1) 秒
        在 (1) 秒内滑行到 x: (0) y: (180)
        隐藏
```

角色互换

让Milo使用“说...秒”积木介绍游戏的规则。介绍完毕后等待玩家按下空格，一旦按下游戏开始，脚本发送消息“start”。编辑游戏让Milo移动，并让掉落物在接收到消息时下落。

```
当 被点击
移到 x: 0 y: -125
说 Hi！我是 Milo！ 2 秒
说 你能帮我收拾一下沙滩用品吗？ 2 秒
说 小心不要忘记任何东西！ 2 秒
说 准备好之后就按下空格键 2 秒
在 按键 空格 是否按下？ 之前一直等待
广播 start
```

```
当接收到 game over
停止 角色的其他脚本
移到 x: 81 y: -47
说 再试一次！ 2 秒
```

```
当接收到 win
停止 角色的其他脚本
移到 x: 0 y: -76
说 游戏胜利！ 2 秒
```

```
当接收到 start
重复执行
  如果 按键 右移键 是否按下？ 那么
    面向 90 方向
    移动 10 步
  如果 按键 左移键 是否按下？ 那么
    面向 -90 方向
    移动 10 步
  碰到边缘就反弹
```

```
当接收到 start
重复执行
    将造型切换为 在 1 到 6 间随机选一个数
    移到 x: 在 200 到 -200 间随机选一个数 y: 180
    显示
    重复执行直到 碰到颜色 ? 或 碰到 pig ?
        移动 10 步
    如果 碰到 pig ? 那么
        将 score 增加 1
        隐藏
    如果 碰到颜色 ? 那么
        将 lost 增加 1
        隐藏
```

```
当 被点击
隐藏
面向 180 方向
```

倾盆大雨!

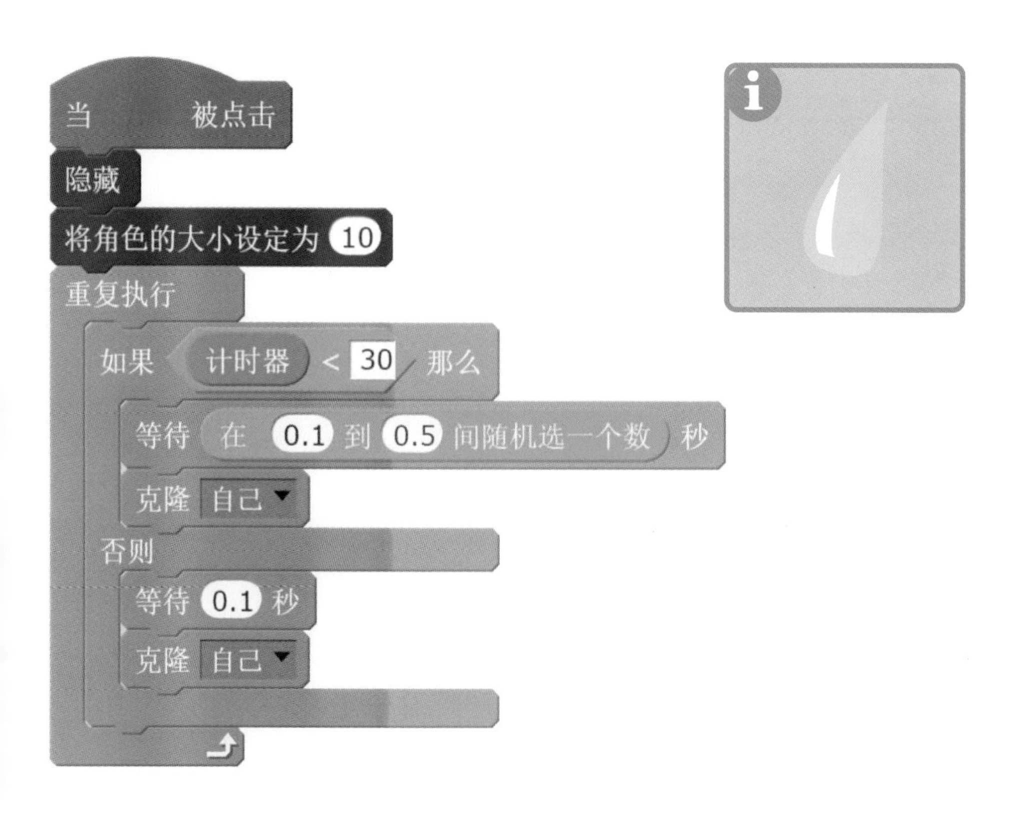

脚本使用了积木“如果...那么...否则”，其逻辑是：“如果”游戏运行时间低于30秒（计时器<30），“那么”雨滴在克隆前随机等待0.1到0.5秒；“否则”若游戏运行时间超过30秒，雨滴仅等待0.1秒。

准备感受游戏后半程中的倾盆大雨吧！

海怪出没!

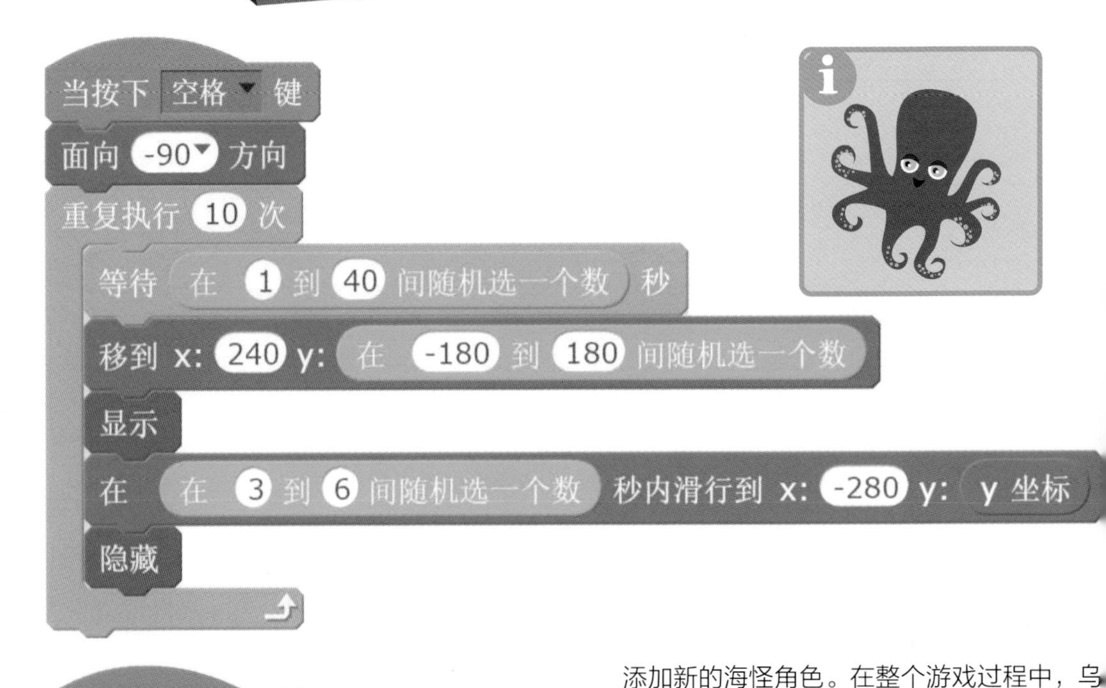

添加新的海怪角色。在整个游戏过程中，乌贼的出现次数是有限制的（如示例脚本中的10次）。

你是否发现示例的脚本和水母的脚本非常近似呢？乌贼先随机等待几秒钟，甚至是很长的一段时间，这使得游戏变幻莫测。然后它显示并水平向左移动。与此同时，“如果...那么”积木不断检测是否碰到了小乌龟，一旦碰到游戏结束。

你玩得开心吗？还想继续吗？
使用本书的项目经验创作新的游戏吧！

不要忘记，SCRATCH也是一个社区！
你可以在社区中探索发现更多项目，
还能与小伙伴们分享自己创作的游戏。

如果你还想跟随我们创作解谜类游戏和动画故事，
请关注我们的另一本姊妹篇图书。

SCRATCH少儿创意动画故事编程
—— STEAM教育实战手册

本书的项目源于Coder Kids（www.coderkids.it）在校本课程和社团活动中组织举办的课程和工作坊。

借此感谢参加课程和工作坊的孩子、家长以及辅导老师。正是因为你们积极地参与和无限的热情，才滴灌了我们灵感的源泉。

律师声明

侵权举报电话

版权登记号：01-2018-0774

图书在版编目（CIP）数据

Scratch少儿创意游戏编程：STEAM教育实战手册／意大利酷编酷玩著；（意）瓦伦蒂娜·菲格斯（Valentina Figus）绘；李泽译．— 北京：中国青年出版社，2018.6
书名原文：Coding for Kids Create your own videogames with Scratch
ISBN 978-7-5153-5046-2
I.①S… II.①意… ②瓦… ③李… III. ①程序设计－少儿读物
IV. ①TP311.1-49
中国版本图书馆CIP数据核字（2018）第040632号

策划编辑：张　鹏
责任编辑：张　军
封面设计：彭　涛

Scratch少儿创意游戏编程
——STEAM教育实战手册
[意] 酷编酷玩（Coder Kids）/ 著
[意] 瓦伦蒂娜·菲格斯（Valentina Figus）/ 绘
李泽 / 译

出版发行：中国青年出版社
地　　址：北京市东四十二条21号
邮政编码：100708
电　　话：（010）50856188／50856199
传　　真：（010）50856111
企　　划：北京中青雄狮数码传媒科技有限公司
印　　刷：北京汇瑞嘉合文化发展有限公司
开　　本：787 x 1092 1/16
印　　张：8.5
版　　次：2018年8月北京第1版
印　　次：2018年8月第1次印刷
书　　号：ISBN 978-7-5153-5046-2
定　　价：59.90元

本书如有印装质量等问题，请与本社联系
电话：（010）50856188 / 50856199
读者来信：reader@cypmedia.com
投稿邮箱：author@cypmedia.com
如有其他问题请访问我们的网站：http://www.cypmedia.com